KB039959

기분대로 아이를
키우지 않겠습니다

부모의 기분 따라
아이를 대하고 있다면

아이가 자라는 과정을 지켜보고 있노라면 그저 신기하기만 합니다. 어디를 어떻게 잡고 만져야 할지 모를 정도로 작고, 우는 것 이외에는 자신의 욕구를 전달할 방법이 없던 아기가 어느새 기고, 걷고, 낯익은 얼굴을 보며 웃고, 자신의 욕구를 정확하게 말로 표현하게 됩니다. 우리 아이에게 무슨 일이 일어난 것일까요?

단지 말로 표현하지 못할 뿐, 아기들은 태어날 때부터 무엇이든 할 수 있는 능력을 갖고 태어난다고 말할 수도 있습니다. 아이가 어른과 똑같은 행동을 한다고는 볼 수 없지만, 무엇이든지 할 수 있는 능력이 장착된 뇌를 가지고 태어나기 때문이지요. 대부분의 아기들은 아직 싹은 틔우지 못했지만 무궁무진한 발전을 기대할 수 있는 좋은 재료의 뇌를 가지고 태어납니다. 유전자의 영향으로 더 빨리 잘할 수 있는 뇌의 영역이 아기마다 다르긴 하지만, 가능성의 문이 활짝 열린 상태인 것만은 분명합니다.

문제는 어른들의 욕심과 뇌발달에 대한 잘못된 신념에 있습니다. 과학과 의학의 발달로 수수께끼 같았던 뇌에 대한 지식들이 축적되면서 우리나라에서는 아이의 뇌발달을 과속화시켜 영재를 만들고자 하는 조기 교육과 선행학습의 열풍이 불어닥쳤습니다. 어릴 때부터 언어, 수학, 과학, 예술 등을 가리지 않고 학습시키면 이것이 아이 뇌에 각인되고 뇌의 가소성을 촉진시킬 것이라고 굳건히 믿었던 것입니다. 그렇지만 타버리기 쉬울 정도로 가느다란 전선 같은 아기 뇌의 신경세포는 과도한 학습과 조기교육을 버티지 못하고 과잉학습장애증후군을 일으키곤 했습니다. 그리고 정말 공부를 해야 하는 가장 중요한 시기에 오히려 공부에 대해서 정을 떨어져버리게 만들었습니다.

이 책은 뇌과학 이론에 근거한 자녀 양육 지침서입니다. 아이 뇌에 대한 오해들을 풀어주면서 부모의 변덕스러운 양육 태도와 무모한 욕심에 아이 뇌가 상처받지 않고 건강하게 성장할 수 있도록 부모가 해야 할 일, 경계해야 할 일 등을 제시해 주고 있습니다. 또한 아이 교육을 어떻게 시켜야 할지 고민하는 부모들에게 도움이 될 만한 정보들이 가득합니다.

무엇보다 어렵고 난해한 뇌과학 이론을 적절한 비유와 실험 결과들을 토대로 설명해 주고 있습니다. 특히 연령별로 나타나는 아이들의 행동을 뇌의 발달적 특성과 연결해 명쾌하게 짚어주는 것이

이 책의 가장 큰 장점입니다. 자녀 양육의 가장 중요한 바탕이자 출발점은 바로 자녀에 대한 이해입니다. 부모는 아이의 행동이 나이에 따라 어떻게 달라지며, 뇌가 아이의 행동에 어떤 영향을 미치는지 정확하게 이해하고 있어야 합니다. 그래야 아이의 행동에 감정적으로 대응하고 후회하지 않게 됩니다. 더 나아가 자녀를 위한 길잡이의 역할을 제대로 할 수 있습니다.

이 책은 부모뿐만 아니라 영유아를 연구하는 많은 전문가에게도 꼭 필요한 책입니다. 아직 의사표현을 제대로 하지 못하는 영유아들을 뇌과학적으로 올바로 이해하기 위해서도 그렇고, 이제 활짝 피어나기 시작한 영유아의 뇌발달과 성장을 위해서도 큰 도움이 될 책입니다. 영유아에게 애정과 친밀감을 기반으로 발달의 길잡이가 되어주기를 희망하는 모든 부모와 전문가들에게 이 책을 권합니다.

문용린 (서울대 명예교수)

· Part 2 ·
엄마의 태도가 아이의 기분을 만드는 2·2·2 육아법

Part 1

기분이 태도가
되지 않는
77가지 육아 원칙

아이의 행동에는
이유가 있다

우리 아이, 무엇이 문제였을까?

    몇 해 전 가을, 만 3세의 현식이와 현식이의 엄마를 상담을 통해 만나게 되었습니다. 현식이가 말이 느리고 표현도 잘 못하는 점이 내내 고민이 된 현식이 엄마는 현식이가 문제가 없는지 걱정이 많았습니다. 같은 나이의 옆집 아이는 자신의 의사를 표현하는 것은 물론이고 책도 읽는 것을 보니 더 마음이 조급해졌고요. 현식이는 자신이 원하는 것이 있을 때 손가락으로 가리키며 "응응", "줘!"라고 표현하고 엄마, 아빠가 자신의 말을 알아차리지 못하는 것 같으면 짜중을 내거나 화를 내면서 울음을 터뜨리기도 했습니다. 어느 날엔가 현식이는 또다시 "응응" 하면서 무엇인가를 원하듯이 칭얼거렸습니다. 그날따라 답답하고 속상했던 현식이의 엄마는 결국 큰 소리로 화를 내고 말았습니다. "응응이 뭐야, 응응이! 제대로 말해! 말로 제대로 안 하면 안 줄거야!" 현식이는 엉엉 소리를 내어 울었고, 현식이 엄마도 이내 후회가 되었지만 불안하고 속상한 마음이 쉽사리 진정되지 않았습니다.

현식이가 노는 모습을 살펴보니 행동이나 주의력 등에서 또래의 평균적인 발달 수준을 보이고 있었고, 자신의 의사를 나타내는 표현 언어를 사용하는 것은 서툴지만, 다른 사람의 말을 이해하는 것에는 큰 문제가 없어 보였습니다. 뇌발달의 특성상 남자 아이는 여자 아이에 비해 언어의 경우 약 1년 정도 늦되는 일이 많으며, 언어중추가 있는 측두엽 중 먼저 듣고 이해하는 능력부터 발달하고 그 다음에 말하고 표현하는 능력이 발달한다는 설명을 듣고 난 뒤 현식이 엄마는 안심하는 모습이었습니다.

자녀를 키우다 보면 우리 아이가 다른 아이들과 비교해서 늦되는 것은 아닌지, 어디가 문제가 있는 것은 아닌지 고민도 많이 하게 됩니다. 그래서 자녀에 대한 사랑하는 마음과 다르게 화를 내게도 되고 불안으로 어찌할 바를 모르는 상태가 되기도 합니다. 아이가 성장하면서 무엇이 변화하고 어떤 발달적 특성이 나타나는지 눈에 확연하게 확인할 수 있는 것도 아니니 더욱 그런 마음이 커질 것입니다. 이럴 때 자녀의 뇌발달에 대하여 알게 되면 불안하고 답답한 마음과 궁금증이 어느 정도 해소될 수 있을 것입니다.

육아에 뇌 공부가 필요한 이유

뇌! 하면 뭐가 떠오르시나요? 많은 사람들은 '어렵다'라고 생각할 것입니다. 동시에 병원, 의사, 수술, 환자 등을 떠올리실 수도 있겠네요. 그리고 베일에 싸인 무엇인가라고 생각할 수도 있을 것입니다. 단언컨대, 뇌는 바로 우리 자신이기도 하고, 우리의 삶 그 자체이기도 합니다. 우리는 뇌가 있기 때문에 사고하고, 느끼고, 판단하고, 기억도 합니다. 인간을 인간이라고 부를 수 있는 이유도 바로 뇌가 작동하고 있기 때문이죠. 이처럼 뇌는 그 중요성을 가늠할 수 없을 정도로 가치 있지만, 살아 있는 뇌가 어떻게 활동하는지 관찰하고 어떤 기능을 하는지를 연구하게 된 기간은 불과 20여 년 정도밖에 되지 않는답니다.

과학기술의 발전이 가져온 가장 놀라운 사건 중 하나가 바로 살아 있는 뇌를 관찰하게 된 것입니다. 이전의 뇌 연구는 기껏해야 죽은 사람의 뇌를 살펴보는 정도였어요. 예를 들어볼게요. 교통사고로 머리를 다친 후에 말을 못 하게 된 사람이 있다면, 그 사람이 사고로 정확하게 어디를 다쳐서 말을 못 하게 되었는지 살아 있는 동안에는 그저 추측만 하다가 죽은 후에 뇌를 열어보고 왼쪽 측두엽이 손상된 것을 확인한 후에야 '아, 왼쪽 측두엽이 언어 능력과 관련이 있구나'라고 유추할 수 있는 수준에 머물러 있었지요.

　그러다가 전자 현미경의 발견과 단층 촬영법이라는 것이 등장하면서 뇌에 대한 연구는 눈부신 발전을 하게 되었습니다. 사람이 말하고, 사고하고, 계산하고, 감정을 나타낼 때 뇌의 어떤 부분이 활성화되는지를 실시간으로 볼 수 있게 된 것입니다. 이렇게 되면서 뇌 연구는 하루가 다르게 성장하게 되었고, 훌륭한 뇌 연구자와 연구 결과도 많이 알려지게 되었지요. 뇌에 대한 정보들이 하나둘씩 밝혀지면서 의학 및 의료 분야에 도움이 되었을 뿐만 아니라 교육, 학습, 양육에도 많은 변화가 나타나기 시작했어요.

　뇌발달에 관한 정확한 지식이 없었을 때 사람들은 학습은 일찍 시작할수록 좋다고 생각했습니다. 그래서 목도 가누지 못하는 아기에게 영어 노래를 들려주고 글자를 익히게 하였지요. 그러나 언어, 인지, 신체, 정서 등의 다양한 영역을 담당하는 뇌 부위가 동시에 발달하는 것이 아니고 영역에 따라 발달의 최적 시기가 있음이 밝혀지면서 적기교육이라는 말까지 생겨났어요. 즉 뇌가 학습할 수 있는 준비가 되어 있을 때 교육을 시작해야 한다는 뜻이지요. 최근에는 적기교육을 뇌기반학습brain-based learning이라고 부르는 학자도 있어요. 뇌기반학습에서 가장 중요한 것은 뇌가 최적의 상태로 발달할 수 있도록 학습 환경을 만들어줘야 한다는 것입니다.

　그렇다면 최적의 뇌발달 환경이란 과연 무엇일까요? 이러한 질문에 대한 답을 찾기 위해서는 무엇보다 뇌에 대한 기초지식을 아는 것이 필요해요. 인간의 사고, 감정, 언어 등은 뇌의 어떤 기관에서 담당하며 언제 발달이 이뤄지는지, 뇌는 어떤 과정을 거쳐서 발달하게 되는지 등등을 이해하면 효과적인 교육과 학습 방법을 알 수 있기 때문이지요.

마음이 만들어지는 곳

뇌는 우리 몸의 일부입니다. 위, 간, 심장처럼 신체의 한 기관으로서 다른 기관과 마찬가지로 세포로 구성되어 있지요. 다른 점이 있다면, 뇌를 이루는 신경세포, 즉 뇌세포는 뇌세포끼리 서로 연결하면서 연결고리로 볼 수 있는 시냅스를 만들 수 있다는 것입니다. 또한 우리를 둘러싸고 있는 환경과 직질히 상호작용하며 인간이 살

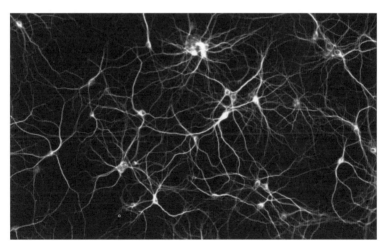

복잡한 그물망처럼 연결되어 있는 뇌 신경회로

아갈 수 있게 해주지요. 다른 점이 있다면, 위, 간, 심장은 우리 몸을 이루는 기관이지만, 뇌는 우리의 몸과 마음을 모두 관장하는 기관이라는 점입니다. 뇌는 인간의 신체기관 중 가장 복잡하고 섬세하게 연결되어 있는 신경회로 덩어리입니다. 실제로 뇌를 확대해 보면, 엄청나게 복잡한 그물망처럼 연결되어 있는 것을 볼 수 있어요. 그러다 보니 뇌가 더욱 이해하기 어렵다고 느낄 수 있지요.

　뇌를 좀 더 쉽게 이해하는 데 도움을 주고자 한 학자를 한 명 소개할까 합니다. 바로 폴 맥린Paul MacLean 박사인데요. 일반 사람들에게 진화적인 관점에서 뇌를 보다 쉽고, 간결하게 설명하고 있습니다. 그의 이론인 이른바 '삼위일체 뇌 이론'은 인간의 뇌를 크게 세 부분으로 구분해서 설명할 수 있다고 주장합니다. 삼위일체 뇌 이론에 따르면, 인간의 뇌는 가장 안쪽에서 호흡, 혈압, 심장박동 등과 같은 생명기능을 담당하는 뇌간이라는 기관이 먼저 만들어진다고 합니다. 그다음에 뇌간을 둘러싸고 감정을 일으키는 변연계가, 마지막으로 인간의 이성적 기능을 담당하는 대뇌피질이 만들어진다고 하네요. 바로 이 세 가지 기관이 뇌를 이루는 세 친구라고 볼 수 있습니다.

　뇌간, 변연계, 대뇌피질이라는 세 개의 뇌 구조는 그 기능과 역할이 각각 다른데요. 지금부터 각 구조에 대해 보다 자세하게 알아볼까요?

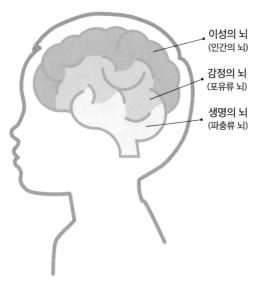

이성의 뇌
(인간의 뇌)

감정의 뇌
(포유류 뇌)

생명의 뇌
(파충류 뇌)

폴 맥린 박사의 삼위일체 뇌 이론

뇌간이 망가진다면

뇌를 이루는 세 친구 중 뇌간은 가장 안쪽에 있고, 가장 먼저 만들어지게 됩니다. 아기들이 태어날 때 변연계, 대뇌피질은 완성되지 않았지만, 뇌간의 기능은 이미 완성된 상태로 세상에 나오게 되지요. 뇌의 안쪽에 있고, 인간의 생명을 유지할 수 있게 해주는 기능을 담당하기 때문에 뇌간을 '생명의 뇌'라고 부릅니다. 폴 맥린은 뇌간을 '파충류의 뇌'라고도 불렀는데 바로 파충류들도 가지고 있기 때문이지요. 인간에게는 동물적 본능이 아직 남아 있는데 바로 뇌간과 관련이 있답니다. 인간의 뇌는 5억 년이라는 시간 동안 만들어진 진화의 산물이라고 볼 수 있는데 약 5억 년 전에는 현재의 뇌 모습과 기능을 갖추고 있지 않았다는 의미입니다. 하지만 인간의 조상인 오스트랄로피테쿠스의 뇌를 살펴보면 뇌간은 형성되어 있었다고 합니다.

뇌간은 척추 속에 있는 신경세포인 척수의 윗부분, 즉 머리 쪽에 있는 척수가 점차 팽창하면서 만들어졌다고 보는 견해가 많아요. 뇌간이 척수와 연결되어 있다는 것은 호흡, 심장박동, 혈압 조절 등 생존과 관련된 역할을 수행함을 의미합니다. 이와 같이 척수가 변형된 뇌간은 파충류 이상의 동물들이 모두 가지고 있습니다.

뇌간이 손상되면 어떻게 될까요? 가끔 드라마를 보면 의사가 환자를 향해 "뇌사입니다"라고 진단을 내리는 장면이 종종 등장하지요. 뇌사 상태란 인간이 스스로의 힘으로 생명을 유지할 수 없는 상태가 되었다는 것을 말하는데요. 즉 호흡기와 같은 기계 장치가 있어야 숨을 쉬고, 인공심폐기가 있어야 심장박동이 유지되는 상태를 의미하는 것이지요.

흔히 뇌사를 식물인간과 혼동하는 경우가 있습니다. 식물인간은 말 그대로 식물과 같은 상태의 인간을 의미합니다. 식물은 광합성을 하고, 호흡을 하며, 스스로 생명을 유지할 수 있지요. 그러나 사고하거나 감정을 느끼거나 걸어 다니는 행동은 할 수 없어요. 따라서 뇌간을 제외한 뇌의 다른 부위가 다쳐서 깨어나지 못하는 상태라면 식물인간이라고 부릅니다. 또 뇌사는 회복이 불가능하지만 식물인간은 뇌사와 다르게 시간이 한참 지난 뒤에 다시 깨어나기도 한답니다.

뇌사와 식물인간의 차이점

드라마에서 종종 "식물인간 상태입니다"라고 말하는 장면이 나오기도 하고, 뉴스를 통해 뇌사 상태의 사람이 자신의 장기를 여러 사람에게 기증하고 세상을 떠나는 아름다운 이야기를 듣게 되지요. 그렇다면 식물인간과 뇌사의 차이는 무엇일까요? 가장 확실한 차이는 장기 기증 가능 여부입니다. 뇌사 상태로 진단받은 환자의 경우, 장기 기증을 할 수 있지만, 식물인간의 상태에 있는 환자는 장기 기증의 대상이 될 수 없습니다. 그 외에 차이점을 설명하면 다음 표와 같습니다.

뇌사	기준	식물인간
뇌간을 포함한 뇌 전체	**손상 영역**	대뇌피질의 일부
움직임 전혀 없음	**움직임 특징**	경련, 흔들림 등 움직임 보임
스스로 호흡할 수 없음	**호흡**	스스로 호흡할 수 있음
회생 불능으로 사망이라 봄	**진단**	시간이 지나면 깨어날 가능성 있음
장기 기증 대상임	**장기 기증**	장기 기증 대상이 될 수 없음

뱀은 왜 새끼를 잡아먹었을까?

뇌의 세 가지 구조, 즉 뇌간, 변연계, 대뇌피질 중 가운데 부분에 해당하는 변연계의 별칭은 바로 '감정의 뇌'입니다. 그렇게 부르는 이유는 바로 변연계에서 감정이 발생하기 때문입니다. 뇌간과 달리 파충류에 해당하는 뱀, 도마뱀 등에게는 변연계가 없습니다. 포유류 이상의 동물들에게만 변연계가 존재한다고 하네요. 그렇다면 변연계가 있는 뇌와 없는 뇌의 차이점은 무엇일까요?

먼저 변연계가 없는 뱀들의 행동을 한번 살펴보겠습니다. 대부분의 뱀들은 배가 고픈데 사냥할 대상이 없다고 하면 자기 새끼나 알을 먹어 치우는 잔인한 행동을 보이기도 합니다. '어떻게 자기 새끼를 먹을 수 있지?'라고 생각할 수도 있지만, 변연계가 없는 뱀에게는 어쩌면 당연한 행동일 수 있습니다. 새끼를 보호하고 돌보는 행동은 바로 모성애와 부성애라는 감정에서 만들어집니다. 그런데 뱀들은 감정의 뇌라고 불리는 변연계가 없기 때문에 모성애와 부성애를 느끼지 못합니다. 그래서 뱀은 자신의 배고픔을 해결하는 것이 더 중요하기 때문에 자신의 새끼이건 상관없이 잡아먹을 수 있는 것이지요.

모성애와 부성애 외에도 인간이 느끼는 공포와 불안 등의 정서와 변연계는 밀접한 관련이 있습니다. 자, 그럼 우리가 공포와 불안을 느끼는 상황을 한번 생각해 볼까요. 가로등 불빛 하나 없는 어두운 골목길을 혼자 걸어가고 있다고 해볼게요. 그렇지 않아도 한 치 앞도 안 보일 정도로 캄캄한데, 뒤쪽에서 저벅저벅 발소리가 나를 향해서 다가오고 있을 때 나의 몸은 어떤 반응을 보이게 될까요? 아마도 가슴이 쿵쾅쿵쾅 뛰기 시작하고 머리끝이 쭈뼛 서는 듯한 느낌도 들면서 팔다리의 근육에 나도 모르게 힘이 들어갈 것입니다. 만약 시커먼 물체가 나를 향해서 공격을 하거나 위험한 상황에 처하면 맞서 싸우거나 도망갈 준비 태세가 만들어지게 됩니다. 이처럼 우리가 어떤 상황에 대해서 감정을 느끼게 되면 그 상황에 대처할 준비를 하게 됩니다. 그래서 인간에게는 감정이 매우 중요한 역할을 하게 되지요. 이러한 감정이 발생되는 곳이 바로 변연계인 것이고요. 더 정확하게 말하면 변연계에 있는 편도체amygdala에서 감정이 발생합니다.

변연계에는 있는 또 다른 중요한 기관으로 해마도 있습니다. 해마는 일명 '기억 장치'라고 불리는데요. 우리가 무엇인가 새로운 내용을 접하게 되고 배우게 되면 뇌 속에 머물게 하여 학습과 기억이 가능하도록 도와주는 기관입니다. 따라서 변연계에 있는 해마가 고장이 나면 기억을 하거나 새로운 것을 익히는 것이 상당히 어려워집니다.

변연계에 포함되어 있는 또 다른 기관으로 시상하부가 있는데 크기는 콩알만 하지만, 우리 몸에 필요한 호르몬을 만들어내고, 식욕, 성욕, 수면욕, 배설욕 등등의 욕구를 조절하는 역할을 합니다. 시상하부가 고장나거나 다치면 우리는 정상적인 행동을 하는 것이 어려워집니다.

더 알아보기

해마가 없다면…
'내 머릿속에 지우개가 있네요'

변연계에 포함되는 해마가 기억 장치라는 것이 밝혀진 것은 비교적 최근의 일입니다. 'H. M'이라는 가명의 환자는 심한 뇌전증 발작의 증상으로 고통을 겪고 있었습니다. 이 환자는 뇌전증을 치료하기 위해 뇌전증 충격이 수로 발생하는 뇌의 측두엽 부분과 변연계의 편도체와 해마를 잘라내는 수술을 받게 되었습니다. 이렇게 위험한 수술을 감행하게 된 이유는 그 당시에는 의학계에서 해마와 편도체의 기능과 역할에 대해 알려진 것이 없었기 때문입니다. 편도체와 해마가 고장이 나면 어떤 심각한 상황이 일어나는지 알 수 없었던 것이지요.

뇌전증 치료를 위한 절개 수술은 성공적으로 끝났지만 시간이 지날수록 문제가 나타나기 시작했습니다. 수술 이후부터 새롭게 알게 된 사람이나 약속을 전혀 기억하지 못한 것입니다. 분명히 인사를 나누고 통성명까지 했던 사람을 다시 만날 때면 마치 처음 만나는 사람처럼 대하곤 했지요. 더 놀라운 것은 수술 이전의 기억들은 온전했지만 수술 이후의 기억들은 남아 있지 않게 되었다는 사실입니다. H. M이라는 환자에게 닥친 불행으로 인해 해마가 학습, 기억 및 새로운 정보 인식 등의 역할을 하는 장소라는 것이 비로소 밝혀진 것이지요.

넌 고릴라가 아니야

뇌라는 단어를 들으면 아마 구불구불한 모양, 혹은 호두처럼 생긴 모습이 떠오르실 겁니다. 바로 대뇌피질인데요. 뇌의 가장 바깥쪽에 자리 잡고 있는 대뇌피질은 진화적으로 볼 때 가장 최근에 만들어진 기관이라고 볼 수 있습니다. 인간이 생각하고, 판단하고, 감정을 통제하며, 바른 인성과 도덕성을 가질 수 있는 것은 대뇌피질이 있기 때문입니다.

앞서 말씀드렸던 것처럼 인간의 뇌는 크게 뇌간, 변연계, 대뇌피질로 나뉘는데, 그중 대뇌피질은 인간의 뇌 중 약 80퍼센트를 차지한다고 합니다. 인간과 가장 비슷한 수준의 능력을 보이는 침팬지, 고릴라와 같은 영장류의 뇌에도 대뇌피질이 상당 부분 포함되어 있지만 약 20~30퍼센트 정도로 인간만큼 많지는 않습니다. 그럼에도 침팬지나 고릴라는 인간의 행동을 따라 하고 도구를 사용하기도 합니다. 이러한 기능을 할 수 있게 하는 것이 바로 대뇌피질입니다. 결국 대뇌피질이 클수록 사고와 이성적인 능력이 뛰어나다는 것을 알 수 있지요.

현재까지는 대뇌피질의 기능에 대해서는 아직 5~10퍼센트 정도밖에 알려지지 않았다고 합니다. 오늘날 과학기술이 많이 발달해 있기는 하지만 아직 살아 있는 뇌의 기능과 역할을 모두 파악하고 관찰하기에는 한계가 있기 때문이지요. 대뇌피질은 생명을 유지하는 데 직접적으로 관여하지는 않습니다. 즉, 대뇌피질이 조금 다치거나 망가졌다고 하더라도 당장 생명이 위급해지는 것은 아닙니다. 하지만 대뇌피질은 인간으로서의 능력과 품위를 가질 수 있도록 해 줍니다. 인간이 다른 동물과 다르다고 말할 수 있는 가장 중요한 기준은 이성적으로 사고하고 판단하며 여러 가지 측면을 고려해 문제를 해결할 수 있는 능력을 갖추고 있다는 데 있지요. 뇌간이 손상되면 뇌사 판정을 받고 대뇌피질이 손상되면 식물인간 판정을 받게 되는데요. 식물인간은 말 그대로 인간이지만 인간이 아닌 식물의 상태를 말합니다. 스스로 숨을 쉬고 생명을 유지할 수는 있지만 사고하고 판단해서 자신의 의사를 결정할 수 있는 능력은 없는 상태인 것이지요.

이제까지 알려진 대뇌피질의 기능은 위치에 따라서 다른데 우리에게 익숙한 전두엽, 두정엽, 측두엽, 후두엽이 바로 대뇌피질의 위치별 명칭이며, 위치에 따라 대략적인 기능과 역할이 구분되어 있습니다.

아이의 뇌를 이해하자

우리 몸의 CEO

먼저 전두엽에 대해서 살펴보도록 하겠습니다. 전두엽은 이마 부분에 해당하기 때문에 이마엽이라고도 부르는데요. 대뇌피질에 포함되는 네 개 엽 중 가장 부피가 넓은 엽에 해당하고 대뇌피질 전체에서 맏형이자 CEO의 역할을 담당합니다. 인간의 많은 능력 중 추리하기, 계획 세우기, 감정 통제하기, 문제 해결하기, 종합적으로 판단하기 등등에 관여하지요. "삶이란 무엇인가?" 또는 "사람에게 가장 중요한 가치란 무엇인가?"와 같은 고차원적 사고, 철학적 생각도 가능하게 만드는 것이 바로 전두엽입니다.

인간을 인간답게, 전두엽

인간과 동물의 차이는 무엇이라고 생각하시나요? 먼저 동물보다 지능이 월등하게 뛰어나다는 점을 들 수 있습니다. 지구상에 존재하는 모든 생명체 중에서 대뇌피질이 차지하는 비율이 가장 많은 것이 바로 인간이지요. 그래서 인간은 아주 단순한 암기와 계산은 물론 판단, 의사결정, 우선순위 정하기 등 복잡한 능력도 발휘할 수 있는 것입니다. 그 어떤 동물도 상황과 조건을 고려해서 의사결정을 하고 중요도에 따라 우선순위를 정하지는 못하지요.

특히 인간은 동물과 달리 윤리적, 도덕적 고민과 갈등을 합니다. 인간으로서 지켜야 하는 도리, 가치 등을 생각하며 죄책감도 느끼고 도덕적인 갈등도 하는 것이지요. 이 역시 다른 동물들은 할 수 없는 능력입니다. 물론 동물들에게 훈련을 통해서 신호등에 따라 길 건너기, 어린아이 공격하지 않기 등과 같은 행동을 할 수 있도록 만들 수는 있지만, 이것은 스스로의 가치판단에 따라 행동하는 것이 아닌 자동적으로 훈련된 결과물이지요. 이처럼 인간이 다른 어떤 동물들과 확연하게 비교되는 뛰어난 두 가지 능력을 갖추도록 해주는 것이 바로 전두엽입니다.

재미있게도 전두엽은 감정의 뇌에 해당하는 변연계와도 연결되어 있습니다. 우리가 일반적으로 생각한다, 사고한다고 할 때 그 대상은 숫자, 말, 글, 기호 등의 무생물을 대상으로 작동하지요. 그런데 도덕성은 공감, 측은함, 분노 등의 감정이 있어야 작동을 하게 됩니다. 그렇기 때문에 감정이 발생하는 변연계와 대뇌피질의 연결은 필연적인 것처럼 보이며, 둘 사이의 상호작용 덕분에 인간이 인간다운 생각을 하게 됩니다.

도덕성은 전두엽 중에서도 전전두엽prefrontal lobe이라는 부분과 밀접한 관련이 있습니다. 지금 손가락으로 눈썹과 눈썹 사이 가운데 부분을 살짝 만져보시겠어요? 아마 홈 같은 부분이 느껴질 텐데요. 바로 이 부분이 전전두엽입니다. 전전두엽은 이마의 가장 가운데 부분이라고 해서 앞이마엽이라고도 부릅니다.

인간의 전전두엽이 망가지거나 상하게 되면 도덕성에 심각한 문제가 생기게 됩니다. 미국의 서던캘리포니아 대학의 범죄정신심리학 교수인 아드리안 레인Adrian Raine 박사는 미국에서 가장 잔인한 범죄를 저지른 38명의 남녀 사이코패스들의 뇌를 연구했습니다. 그들은 특별한 이유도 없이 재미 삼아 사람을 죽이기도 했으며, 심지어 어린아이까지도 아무런 죄책감 없이 살해했습니다. 레인 박사는 사이코패스로 판명된 죄수들의 경우 뇌 문제를 가지고 있기 때문에 정상적인 인간으로서 할 수 없는 행동을 저지른다고 판단했고 그들의 뇌를 단층 촬영하고 뇌파도 검사했지요. 그 결과, 사이코패스의 뇌는 전두엽의 뇌파 활동이 정상적인 사람에 비해 상당히 불규칙했고, 도덕성을 담당하는 전전두엽 부분도 상당히 작은 것으로 나타났습니다. 인간에 대한 따뜻한 감정이나 죄책감을 느낄 수 있는 기능에 문제가 있었던 것이지요. 결국 전두엽 기능에 문제가 생기면 기억, 판단, 계산 등의 인지능력이 저하될 뿐만 아니라 인성과 도덕성에도 문제가 생겨 반사회적 행동을 저지르는 범죄자가 될 위험이 높다는 사실을 우리는 부정할 수 없게 된 것입니다.

듣고 말하는 측두엽

측두엽의 위치를 먼저 알아보도록 하겠습니다. 측두엽은 양 귀 뒤쪽 관자놀이 뼈의 안쪽, 왼쪽과 오른쪽에 자리하고 있습니다. 측두엽은 귀에 가까이 있는 만큼 듣는 기능과 관련되어 있지요. 즉, 청각피질이 있어서 말, 소리, 음악 등등을 듣고 이해하는 역할을 담당합니다. 청각피질은 귀를 통해서 들어오는 정보를 처리하는데, 측두엽의 뇌세포가 파괴되거나 손상을 입으면 귀에 아무런 이상이 없어도 소리를 들을 수 없습니다. 또 귀를 통해서 어떤 소리가 들어왔다고 해도 무슨 소리인지 전혀 구별하지 못하게 됩니다. 가령 겉으로 보기에 귀는 멀쩡하게 보이더라도 귀 안쪽에 있는 청각피질이 손상을 입거나 문제가 생기면 아기의 울음소리와 강아지가 짖는 소리를 구별하지 못하게 됩니다.

자, 눈을 감고 지금 들리는 소리에 가만히 집중해 보세요. 비록 보지 못한다고 해도 소리만을 듣고 그것이 누구의 목소리인지, 어디에서 나는 소리인지를 구별하는 것이 바로 청각피질의 역할인 것입니다.

말을 듣는 귀, 음악을 듣는 귀

요즘은 많은 부모님들께서 자녀가 모국어 이외에 영어, 중국어 같은 외국어를 잘하는 것을 정말 중요하게 생각하는 것 같습니다. 사회적 분위기도 마찬가지이고요. 그래서 부모님들께서는 자녀가 어떻게 하면 언어를 잘할 수 있을지에 대해서 고민하고 효과적인 방법을 찾기 위해 많은 노력을 기울이지요.

언어능력과 관련 있는 뇌는 바로 측두엽입니다. 더 정확하게 말하면 왼쪽 측두엽에서 언어를 담당합니다. 즉, 왼쪽 귀 뒤쪽에 있는 관자놀이 부분이 말, 글 등을 듣고 이해하고 기억하는 기능을 담당하는 것입니다.

왼쪽 측두엽에는 브로카Broca 영역이라고 부르는 부분과 베르니케Wernike 영역이라고 부르는 부분이 있는데 바로 이곳이 언어의 핵심 중추라고 할 수 있습니다. 브로카와 베르니케 영역 모두 언어와 관련이 있지만, 기능에서는 약간 차이가 있습니다. 브로카 영역은 운동성 언어 기능을 담당하는데 쉽게 말하면 말을 표현할 수 있게 해줍니다. 이를 발견한 학자는 바로 브로카라는 의사였는데요. 그에게는 '탄Tan'이라고 불리는 환자가 있었습니다. 탄이라는 말밖에 할 수 없어서 붙여진 이름이었지요. 흥미롭게도 그는 탄이라는 말밖에 못하지만, 사람들이 말하는 내용은 모두 이해하는 것처럼 보였습니다. 그의 뇌를 검사해 본 의사 브로카는 왼쪽 귀 뒤쪽의 뇌세포가 손상된 것을 발견하였지요. 그래서 이 손상된 부분이 말을 하고 표현하는 기능 즉, 운동성 언어 기능을 담당하는 것을 알게 되었습니다. 그의 이름을 붙여서 브로카 영역이라고 하게 되었습니다.

베르니케 영역 역시 베르니케라는 의사가 발견했습니다. 그의 환자 중에 말은 유창하게 잘 하지만, 말의 내용이 맥락과 전혀 맞지 않는 사람이 있었습니다. 대화를 하는 것이 아니라 자신이 하고 싶은 말만 하는 것이었지요. 그의 뇌를 검사해 보니 측두엽과 전두엽 중간 정도 되는 영역이 손상되어 있었으며 그로 인해 이 부분이 말의 이해 능력과 관련이 있는 것을 알게 되었습니다. 발견한 사람의 이름을 붙여서 베르니케 영역이라고 부르게 된 이곳은 의미성 언어 기능을 담당합니다.

우리가 말을 제대로, 잘하기 위해서는 브로카 영역과 베르니케 영역 모두가 제대로 작동해야 합니다. 브로카 영역과 베르니케 영역 중 하나라도 고장이 나거나 손상을 입으면 제대로 된 언어를 사용하기가 어려워지지요.

오른쪽 측두엽은 왼쪽 측두엽과 달리 음악을 듣고 이해하고, 언어 속에 포함되어 있는 감정의 뉘앙스들을 간파하는 기능을 담당합니다. 예를 들어, 칭찬하는 의미로 "잘했다, 정말 잘했어"라는 말과 실수를 한 사람에게 비아냥거리듯이 "잘했군, 잘했어"라는 말을 했다고 했을 때, 오른쪽 측두엽에서 이 두 개의 말 속에 담긴 감정을 파악하게 됩니다.

이처럼 측두엽은 언어를 다루는 것 이외에 전두엽과 마찬가지로 기억에도 관여합니다. 그래서 측두엽에 심한 손상을 입으면 기억장애가 나타나고 과거와 현재를 동시에 느끼거나 환각을 느끼기도 합니다. 그래서인지 알츠하이머와 같은 퇴행성 뇌질환을 앓는 경우 제일 먼저 손상되는 뇌의 영역이 바로 측두엽입니다. 측두엽의 뇌세포에 문제가 생기면서 사물의 이름을 말하기 어려워지고 단어가 생각나지 않게 되는 것이지요.

'나 잡아봐' 두정엽

두정엽은 머리 위쪽에 해당하는 정수리에서부터 뒤쪽을 향해 내려가는 부위에 자리하고 있습니다. 두정엽의 역할은 크게 두 가지로 나누어 볼 수 있습니다. 피부가 느끼고 신체를 움직이는 감각을 일차 체감각이라고 하는데, 두정엽이 바로 일차 체감각의 기능을 맡고 있습니다. 두정엽은 신체를 움직이는 기능뿐 아니라 사고 및 인식기능 중에서도 수학이나 물리학에서 필요한 입체적·공간적 사고와 인식기능, 계산 및 연상기능 등을 수행하며 외부로부터 들어오는 정보를 조합하는 역할을 맡기도 합니다.

뭐니 뭐니 해도 두정엽의 가장 큰 기능은 운동과 관련이 있습니다. 운동선수들의 뇌를 살펴보면, 특별히 두정엽이 잘 발달해 있는 것을 알 수 있습니다. 운동선수들의 가장 큰 특장점이라고 한다면 위치를 재빠르게 파악하고 생각대로 몸을 움직이는 협응능력이 잘 이루어진다는 것입니다. 자, 예를 들어볼까요. 운동선수는 자신이 있는 공간과 위치의 상황과 정보를 정확하고 빠르게 파악하여 어디로 움직이고 뛰어야 하는지 간파합니다. 그리고 그 정보를 토대로 몸의 균형을 잡고 순간적인 판단과 생각에 따라 몸을 움직이게 되는데 이를 가능하게 하는 것이 바로 두정엽입니다.

특히 후두엽에서 두정엽을 거쳐 전두엽을 따라 배측 경로라는 것이 형성되어 있는데, 배측 경로에서는 눈을 통해 들어온 정보에 대한 위치 정보, 공간적인 배치 정보를 파악합니다. 눈에 보이는 정보가 어디에 있는지 파악할 수 있도록 해주는 기능을 한다고 해서 배측 경로를 '어디 경로'라고 부르기도 하는데 이곳이 손상되면 물건이나 사람이 어디에 있는지 전혀 인식하지 못합니다. 이러한 질병을 '시각적 무시증'이라고 합니다. 시각적 무시증 환자는 눈으로는 보고 있으나 사물이 존재하지 않는 것처럼 생각합니다. 손상된 배측 경로와 반대 위치에 놓여 있는 물건이나 사람을 보지 못하기 때문입니다.

우리 몸을 절반으로 나누었을 때 오른쪽 눈, 손, 발을 포함해 오른쪽 신체 부위는 왼쪽 뇌에서 주로 통제하고 왼쪽 눈, 손, 발을 포함해 왼쪽 신체 부위는 오른쪽 뇌가 주로 통제한다는 사실을 알고 계시죠. 그래서 오른쪽 뇌가 손상되면, 왼쪽에 놓여 있는 물건을 보지 못하거나 왼손으로 물건을 잡지 못합니다. 반대로 왼쪽 뇌가 손상되면 오른쪽과 관련된 행동에 제약을 받게 됩니다.

시각적 무시증은 주로 오른쪽 두정엽이 손상된 사람에게서 나타나므로 왼쪽 눈앞에 놓여 있는 사물, 사람들을 인식하지 못합니다. 그러나 왼쪽에 놓여 있는 물건과 사람을 오른쪽으로 옮겨 놓으면 제대로 인식하고 볼 수 있다고 하네요. 즉 물건이 놓여 있는 위치에 따라 인식을 하기도 하고, 못하기도 하는 질병이라고 말할 수 있겠습니다.

두정엽 기능과 관련하여 매우 흥미로운 것은 바로 명상의 활동입니다. 미국 위스콘신 대학교의 리처드 데이비슨Richard Davidson 교수는 오랫동안 명상과 뇌의 관련성을 연구해 왔는데요. 특히 달라이 라마와 같이 수련과 수행으로 단련되어 있는 티베트 승려들의 뇌 활동성에 대하여 관심을 가지고 있었습니다. 데이비슨 교수는 약 12년 동안 승려들을 대상으로 명상을 수행할 때 변화하는 뇌의 상태를 연구했습니다. 그 결과, 승려들이 명상을 통해서 무념무상의 상태에 접어들게 되면 두정엽의 기능이 크게 떨어지는 동시에 뇌 활동도 비활성화되는 것을 발견했습니다. 명상을 오래 해온 승려일수록 이러한 현상이 매우 두드러지게 나타났습니다. 명상 수행이 뇌의 활동성을 바꿔놓아 외부의 정보를 차단시키면서 자신의 존재감마저 사라지게 하는 상태, 즉 무아지경의 상태에 이르는 것이지요.

뇌 속에도 길이 있다

뇌에는 시각정보를 처리하는 두 가지 길이 있습니다. 첫 번째는 후두엽 → 측두엽 → 전두엽으로 이어져 있는 복측 경로이고, 두 번째는 후두엽 → 두정엽 → 전두엽으로 이어지는 배측 경로입니다.

복측 경로는 측두엽을 거치기 때문에 사물의 이름과 의미를 포함해 눈에 보이는 것이 무엇인지에 대한 정보를 처리하므로 '무엇 경로'라고 불립니다. 배측 경로는 두정엽을 거치기 때문에 사물의 위치, 공간을 포함해 눈에 보이는 것이 어디에 있는지에 대한 정보를 처리하기 때문에 '어디 경로'라고 부릅니다

복측 경로가 손상된 경우, 눈에 보이는 사물이 어디에 있는지는 알 수 있지만 그것이 무엇인지는 이해하지 못하며, 반대로 배측 경로가 손상된 경우는 눈에 보이는 사물이 무엇인지는 알 수 있으나 어디에 있는지는 알 수 없습

니다. 또 이 경우 손상되지 않은 뇌의 반대쪽에 있는 사물만 볼 수 있습니다.

뒤통수에 눈이 달렸네

뒤통수 부위에 위치한 후두엽에는 주로 시각피질이 있습니다. 측두엽이 고장 나면 소리를 들어도 무슨 소리인지 인식하지 못하는 것처럼 후두엽에 이상이 생기면 눈으로 보고 있어도 무엇을 보고 있는지 전혀 알지 못합니다. 눈으로 보고 있다고 해도 무엇을 보고 있는지, 이것과 저것이 어떻게 다르고 같은지 전혀 알 수 없는 상태가 되는 것이지요. 실제로 교통사고를 당해 뒤통수의 시각피질이 손상된 환자는 눈을 전혀 다치지 않았음에도 불구하고 앞을 보지 못하게 됩니다.

후두엽은 눈으로 보고 있는 사물의 위치, 속도, 크기 등을 인식할 수 있을 뿐만 아니라 색, 모양, 질감 등에 대한 정보를 처리하는 역할을 담당합니다. 우리가 어떤 사물, 사람, 공간을 바라보고 있으면 눈으로 보고 있는 자극들이 시신경을 따라 후두엽의 시각피질로 전달되어 정보를 인식하게 됩니다. 그래서 눈으로만 보는 것이 아니라 뒤통수로 사물을 본다고 할 수 있지요. 학창시절에 선생님께서 칠판에 글씨를 쓰고 계시면서 전혀 뒤돌아보지 않고도 "너희들 엉뚱한 짓 하는 거 다 보인다!"라고 말씀하신 것이 틀린 말이 아니라는 것이지요.

또한 후두엽에서는 이차적인 사물을 보고 입체적인 모양으로 상상하고 사고하는 역할도 담당합니다. 대표적인 예가 바로 지도를 보고 길을 찾거나 지하철 안내 지도를 보고 출구의 방향을 찾는 것입니다. 지도라는 그림을 보고 입체적으로 생각하도록 해 가야 할 장소나 출구를 찾을 수 있게 해주는 것이지요.

우리가 알아야 할 점은 눈앞에 보이는 사람이 아는 사람인지, 처음 보는 사람인지를 구분하고 기억해 내는 것을 후두엽 혼자 하는 게 아니라는 점입니다. 눈으로 본 것을 과거의 기억과 비교하는 것은 후두엽과 전두엽, 측두엽 등이 함께 연합해서 가능하게 만듭니다. 가령 지금 내가 어떤 그림을 보고, 이것을 내가 처음 보는 그림인지, 이전에 본 적이 있는 그림인지를 알기 위해서 과거에 봤던 그림들에 대한 기억들을 비교하고 꺼내보게 되지요. 이때 후두엽에서만 시각정보를 처리하는 것이 아니라 전두엽, 측두엽 등이 함께 작동하면서 그림에 대한 시각적 기억을 찾아내는 것입니다.

부모의 기분이
아이의 정서를 만든다

지렁이에서 인간으로

　지금 막 태어난 아기의 뇌는 어느 정도나 완성된 상태일까요? 어른의 뇌와 비슷한 상태일까요? 많은 사람이 인간의 뇌에 대해 가지고 있는 오해 중 하나가 아이가 처음부터 어른과 같은 뇌를 가지고 태어난다고 생각하는 것입니다. 그래서 아이가 어떤 실수를 하면 "왜 이것도 못하니?"라고 나무라기도 하지요. 그러나 인간의 뇌는 처음부터 완성되는 것이 아니라 시간이 지날수록 발달하게 되고 시기에 따라 발달 영역이 다르게 성장합니다.

　뇌의 성장을 흔히 '지렁이에서 인간으로'라고 비유합니다. 그 이유를 설명해 보도록 하겠습니다. 엄마 배 속에서 정자와 난자가 만나 수정된 직후 태아의 뇌가 처음으로 생성되었을 때는 척수만 존재합니다. 척수는 지렁이에게도 있기 때문에 이 시기를 바로 '지렁이의 뇌'라고 하는 것입니다. 이러한 지렁이의 뇌가 엄마의 배 속에 있는 태아기 동안 1분에 25만 개의 뇌세포를 만들어냅니다. 정말 놀랍지요. 이러한 속도로 뇌세포가 증가하면서 출산 직전인 9개월 경이 되면 완전한 뇌의 형태를 갖추게 됩니다. 그렇다면 어떤 과정을 통해 지렁이의 뇌에서 완전한 인간의 뇌로 성장하는 것일까요?

정자와 난자의 수정란이 자궁벽에 착상되면 태아는 매우 빠른 속도로 성장하게 됩니다. 약 4주 정도가 되면 심장이 뛰기 시작하고, 8주 정도 되면 인간이 갖춰야 할 웬만한 장기들이 만들어집니다. 뇌의 발달도 마찬가지로 엄마 배 속에서부터 이뤄지는데 정자와 난자가 만나 수정된 지 약 25일이 지나면 겨자씨 정도 크기의 뇌가 형성됩니다. 앞에서 설명한 지렁이 뇌의 형태이지요.

지렁이 뇌가 점점 분화해서 뇌의 신경세포, 즉 뇌세포가 급속도로 증가하기 시작해 약 100일 정도 되면, 어느 정도 인간 뇌의 모양을 띠게 됩니다. 임신 7개월 정도가 되면 탁구공만 한 크기가 되고, 9개월이 되면 성인의 주먹만 한 크기로 커지게 됩니다. 이때 뇌의 크기는 단순히 뇌세포, 즉 뉴런의 양적 증가만을 의미하는 것은 아닙니다. 뉴런과 뉴런을 연결하는 신경통로, 이른바 시냅스 회로가 형성되면서 뇌의 발달이 이뤄집니다. 뇌세포의 숫자만 증가하는 것이 아니라 각각의 뇌세포들이 연결되어 정보를 교류하고 보다 복잡하고 정교한 기능을 할 수 있게 하는 질적 증가도 나타나는 것이지요.

많은 사람들이 임신 기간 중에는 태아가 정보를 받아들이고 이해하는 능력이 없다고 생각합니다. 그냥 엄마 배 속에서 가만히 수동적으로 있다고 보는 것이지요. 그러나 실상은 그렇지 않답니다. 수정된 지 8주 후부터 태아는 신생아와 비슷한 수면 주기와 수면 패턴을 보이고, 바깥에서 들리는 소음과 큰 소리, 음악 등에 대해서 반응을 보인다고 합니다. 이것이 바로 뇌가 질적 증가를 하고 있다는 증거라고 볼 수 있어요.

잠을 자고, 잠에서 깨어나며, 다양한 소리에 반응을 보이는 행동은 뇌가 판단해서 결정하는 것으로 볼 수 있는 행동입니다. 태아라고 해도 8주 정도 되면 뇌가 잠을 조절하고 소리를 구별해 반응을 보이며 성장하게 되지요. 뇌가 발달한다는 말은 뇌세포의 양적 성장뿐만 아니라 질적 성장도 포함하는데요. 질적 성장이란 과거에 없었던 능력이 생겼다는 걸 의미합니다. 인간의 사고, 감정, 언어, 기억 등이 더욱 좋아지기 위해서는 이처럼 뇌의 양적, 질적 성장이 함께 제대로 이뤄져야 합니다.

왜 10살일까?

인간으로서의 지적인 기능을 잘하기 위해서는 단순히 뇌세포만 있다고 해서 되는 것은 아니랍니다. 뇌세포와 뇌세포를 연결하는 시냅스가 형성되어야 지적인 기능과 능력이 형성되지요. 시냅스는 뇌세포가 서로 연결되는 회로라고 생각하시면 될 것 같은데요. 보통 엄마 배 속에 있는 동안에 25퍼센트 정도 형성되고, 나머지 75퍼센트는 출생 후 10세가 될 때까지 꾸준히 만들어집니다. 즉, 태어나서 10세 정도가 될 때까지 인간이 살아가는 데 필요한 다양한 기능과 능력을 담당하는 뇌의 시냅스가 계속해서 만들어진다고 말할 수 있는 것이지요. 그럼 시냅스는 어떻게 만들어질까요? 바로 아이가 하게 되는 다양한 경험을 통해서 시냅스가 형성됩니다. 그렇다고 해서 특별한 경험이 필요한 것은 아닙니다. 아이의 일상생활 속에서 만지고, 듣고, 보는 경험에 의해 만들어집니다. 특히 사고하고, 계산하고, 문제를 해결하는 인지능력의 형성이 그렇습니다. 초등학교 3~4학년 아이의 인지능력을 담당하는 뇌발달은 어느 날 갑자기 생기는 것이 아니라 출생 후에 하게 되는 여러 가지 경험에 의해서 이루어진다는 의미이지요.

재미있는 점은 10세 이후의 뇌발달은 10세 이전에 형성된 시냅스를 계속해서 반복적으로 사용하고 다양하게 적용할 때 더욱 정교해지고 복잡해진다는 것입니다. 그러니까 새로운 경험이 계속해서 필요한 것이 아니라 10세 이전에 했던 다양한 경험이 그 이후의 시냅스 형성에 영향을 미친다는 것이지요. 결국 10세 이전의 다양한 경험이 인지능력을 좌우하는 뇌발달과 깊은 관계가 있다는 의미이기도 합니다.

한편, 유아기 동안 뇌는 극적인 변화가 일어납니다. 시냅스의 밀도가 5세까지는 급격히 증가하다가 반대로 10세까지 급격히 감소합니다. 그러니까 5세까지는 시냅스가 매우 촘촘하게 만들어지다가 그 이후부터 10세까지는 시냅스가 점점 줄어든다는 것입니다. 그 이유는 아직 명확하게 밝혀지지는 않았습니다. 그렇다면 인지기능이나 능력도 줄어드는 것이 아닌가 생각하실 수도 있을 텐데요. 다행히 그렇지는 않습니다. 오히려 사용하지 않는 불필요한 시냅스는 가지치기를 하는 것처럼 사라지고, 자주 사용하는 시냅스만 살아남아서 시냅스를 효율적으로 사용할 수 있게 됩니다. 다시 말하면, 뇌가 효율적으로 작동하기 위해서 뇌가 사용하지 않는 뇌세포들의 연결들을 스스로 과감히 제거한다는 것입니다. 그것은 마치 우리가 집 안에 불필요한 잡동사니들을 싹 치워서 공간을 효율적으로 잘 사용하는 것과 비슷합니다. 그래서 자주 사용하는 시냅스는 살아남고, 자주 사용하지 않는 시냅스는 자연적으로 사라지게 됩니다.

부모의 기분을 먹고 자라는 아이들

우리가 즐거움, 기쁨, 슬픔, 분노 등의 감정, 정서를 느끼게 되면 그 정서에 따라 신체적, 생리적 변화가 일어나게 됩니다. 예컨대 화가 나면 심장이 빨리 뛰고 얼굴이 붉으락푸르락 달아오르지요. 이와 같은 신체적 변화는 자율신경계에 의해 좌우되는데 화가 났다는 신호가 뇌의 변연계에서 발생하면 이 정보가 각 신체 기관으로 전달되어 심장이 빨리 뛰고 혈액이 빠른 속도로 돌면서 근육에 힘이 들어가지요. 예를 들어 어두운 골목길을 가면서 무섭거나 불안한 감정을 느끼게 되면, 이 감정이 자율신경계에 전달되면서 가슴이 두근거리고 등골이 오싹해지는 경험을 하게 되며, 금방 무엇이라도 나타나면 바로 도망가거나 물리쳐버릴 수 있도록 근육에 힘을 주라는 정보가 전달됩니다.

정서를 발생시키는 또 다른 뇌 영역으로는 변연계 아래쪽에 위치하고 있는 편도체amygdala가 있습니다. 아몬드를 닮은 편도체는 주로 공포 반응과 관련이 있습니다. 무섭다는 감정이 편도체에서 발생하면 이 정보가 시상하부를 자극하게 되고 다시 뇌하수체에 신호를 보내고 부신 근처에 있는 스트레스 호르몬인 코티졸을 내보내는 역할을 합니다. 코티졸이 내보내지면 심장박동은 빠르게 증가하고 위험을 느끼는 대상을 보고 촉각을 곤두세우게 되는 연속석인 과정이 일어납니다. 매우 복잡해 보이지만 뇌와 신체 사이에서 이러한 과정은 순식간에 일어나게 되지요.

이전에는 모르거나 잘 해결하지 못했던 문제를 풀게 되고 계산하고 기억하게 되는 능력은 인지능력이라고 볼 수 있는데, 이러한 과정은 시냅스가 점차 증가함에 따라 이루어집니다. 그런데 정서는 어떤가요? 많은 사람이 정서는 인지적인 능력처럼 새롭게 형성되는 것이 아니라고 생각해서 시냅스와 관련이 없다고 생각할 수 있지만 실제로는 그렇지 않습니다. 정서 역시 뇌세포의 연결망인 시냅스와 관련이 있습니다. 특히 영유아기에 엄마 혹은 양육자와의 상호작용과 경험이 정서와 관련된 시냅스를 풍부하게 만들어냅니다.

엄마는 아기와 눈맞춤을 하면서 말을 걸기도 하고 얼굴을 어루만지거나 사랑스러운 눈길로 쳐다보게 되는데요. 이러한 과정에서 엄마는 아기에게 감정을 전달하게 됩니다. 이때 아기는 엄마의 말속에 담긴 감정의 뉘앙스를 우측 측두엽을 통해 듣고 처리하면서 감정에 대한 정보가 기억되고, 더 나아가 긍정적인 감정을 느끼면서 쾌감 호르몬과 신경전달물질이 분비되도록 합니다.

이와 반대로 엄마와 아기가 부정적인 정서를 나누게 되면 어떻게 될까요? 당연히 안 좋은 결과로 이어지게 되겠죠. 이를 뇌과학적으로 설명해보도록 하겠습니다. 엄마가 녹초가 되어 잔뜩 짜증이 난 상태에서 기분을 참지 못해서 아기 앞에서 소리를 지르거나 화를 내고, 기저귀가 젖어서 혹은 잠투정으로 아기가 칭얼대면서 엄마의 손길을 기대하고 있는데 아무런 반응을 해주지 않으면 아기는 바로 스트레스를 경험하게 되고 스트레스 호르몬인 코티졸이 분비됩니다. 스트레스 호르몬인 코티졸은 부정적인 기분과도 관련이 있지만 기억장치인 해마의 기능도 약하게 만들어 기억력에 좋지 않은 영향을 미칠 수도 있습니다.

감각도 지능이다

아기가 이런저런 음식의 맛을 보고, 부드러운 촉감을 느끼고, 다양한 냄새를 맡고, 엄마의 따뜻한 목소리를 들을 수 있는 것은 뇌가 제대로 작동하기 때문입니다. 인간의 오감을 담당하는 감각기관, 즉 귀, 코, 입, 피부, 눈 등이 자극을 받아들이는 기관이라면 온갖 냄새, 모양, 소리, 맛, 촉감 등을 구별하고 알아차리는 기능은 뇌에서 담당하지요. 누군가가 말을 걸면서 아기에게 다가왔을 때 그 사람의 목소리가 들어가는 기관은 아기의 귀이지만, 귀를 통해서 들린 목소리가 엄마의 목소리인지 아닌지를 판단하고 구별하는 것은 뇌의 측두엽에서 이루어지는 것입니다.

그래서 뇌의 일부가 손상되거나 문제가 발생하면 오감을 포함하여 감각기관에 이상이 없다고 해도 무엇을 보고 있는지, 무슨 냄새가 나는지, 누구의 목소리인지를 구별하지 못하게 됩니다. 이러한 감각을 판단하고 이해하는 뇌의 영역은 대뇌피질 여러 곳에 퍼져 있고 이러한 감각기관을 담당하는 뇌의 영역 역시 10세까지 꾸준히 발달하게 됩니다. 그렇다면 감각발달이 잘 이루어지게 하려면 어떻게 하는 것이 좋을까요? 인지발달과 마찬가지로 10세까지의 다양한 경험을 해보는 것이 매우 중요합니다. 어릴 때부터 다양한 맛을 경험한 아이들은 맛을 잘 구별하고 이해하는 시냅스가 발달하여 음식이나 맛에 대한 감각이 잘 발달하게 되지요. 또한 어릴 때부터 여러 가지 악기나 다양한 소리 등을 지속적으로 들어온 아이들은 음악에 대한 이해능력이 발달하게 됩니다.

뇌발달을 위한 가장 좋은 방법은 틀에 박힌 책, 교재, 글씨가 가득한 학습 자료를 가지고 공부하는 것이 아닙니다. 다양한 소리, 맛, 냄새, 색, 감촉 등을 다양하게 경험하고 느끼는 것입니다. 그래야 감각피질이 왕성하게 발달하고 이러한 능력들이 이후의 학습과도 연결되어 도움을 주게 되지요.

뇌발달에
맞는 원칙을 세워라

시냅스가 핵심

과학기술의 발달로 우리는 이제 살아 있는 뇌를 관찰할 수 있게 되었습니다. 그러면서 과거에는 몰랐던 뇌의 기능, 역할, 발달과정 등에 대해서도 알게 되었고요. 그리고 이렇게 알게 된 연구 결과들을 토대로 우리 아이들을 더 똑똑하고 건강하게 키울 수 있는 과학적인 방법도 찾을 수 있게 된 것이지요. 그럼, 먼저 아이의 뇌 성장과 발달에 관계된 뇌의 기본 원리들을 이해하면서 그 방법을 함께 알아보도록 할까요.

우리를 둘러싸고 있는 환경에서 수많은 정보와 자극들이 머릿속으로 들어오게 됩니다. 뇌에서는 이러한 정보와 자극을 받아들이고 적절하게 행동하고 사고하도록 만드는데 이때 가장 중요한 역할을 하는 것이 바로 뇌세포, 즉 뉴런입니다.

우리가 무엇인가를 새롭게 배우고 듣고 학습하면 관련 있는 뉴런 사이에 새로운 통로가 형성되는데, 그것이 바로 시냅스입니다. 시냅스는 뉴런과 뉴런을 연결시켜주는 신경망이라고 생각하시면 될 것 같습니다. 하나의 뉴런에는 셀 수 없을 정도로 많은 시냅스가 연결되어 있습니다.

그렇다면 뉴런의 수는 사람마다 얼마나 차이가 날까요? 똑똑한 사람이나 평범한 사람이나 뉴런의 수는 비슷하고 뇌 무게도 비슷합니다. 그렇다면 똑똑한 사람과 그렇지 않은 사람의 차이점은 무엇일까요? 바로 시냅스입니다.

시냅스는 우리가 태어나서 죽을 때까지 평생을 통해 계속해서 만들어지고 발달할 수 있습니다. 하지만 아무리 운동을 열심히 해서 근육을 잘 만들어놓았더라도 운동을 그만두면 곧 사라지듯이 시냅스가 만들어졌다고 하더라도 반복적으로 사용되지 않으면 소멸됩니다. 우리가 새로운 것을 배우고 난 뒤 다시 학습하지 않으면 가물가물 생각날 듯 말 듯 하다가 자연스럽게 잊어버리게 되지요. 이와 마찬가지로 아무리 시냅스 신경망이 만들어져도 활성화하고 사용하지 않으면 시들시들 사라져버리는 것입니다.

자, 그러면 시냅스는 어떻게 만들어질까요? 시냅스를 잘 만들 수 있는 결정적인 요인은 바로 경험입니다. 새로운 경험을 많이 하면 할수록 그와 관련된 시냅스는 계속해서 만들어지게 됩니다. 형성된 시냅스를 계속해서 사용하게 되면 시냅스의 밀도는 더욱 높아지고 복잡해지면서 튼튼해집니다. 그리고 이렇게 튼튼해진 시냅스는 뇌 기능을 더욱 향상시키는 것이지요.

이에 비춰볼 때 시냅스 형성에 도움을 줄 수 있는 다양한 형태의 경험 제공이 바로 가장 중요한 교육의 원리라고 볼 수 있겠네요. 다양한 형태의 경험은 하나의 감각만이 아닌 오감을 활성화시켜줍니다. 우리가 흔히 접하는 지식이나 정보는 시각과 청각 자극만을 사용하지요. 이렇게 시청각적 정보만 제공한다면 일부 뉴런과 시냅스만 작동하고 나머지 시냅스는 소멸하게 될 수 있습니다. 게다가 한창 성장 중이고 새로운 시냅스가 만들어질 가능성이 매우 높은 유아의 뇌에는 시청각, 후각, 촉각, 미각 등 다양한 감각 경험이 더욱 필요합니다.

결론적으로 인간의 학습능력을 다면적인 측면에서 발달시키기 위해서는 다양하고도 복잡한 시냅스 형성과 활성화를 위한 정보와 자극을 지속적으로 제공해야 하는 것이지요.

타이밍을 잡아라

뇌과학이 밝혀낸 중요한 연구 결과 중 하나는 뇌의 영역에 따라 발달시기가 다르다는 점입니다. 예를 들어 언어능력을 담당하는 측두엽과 두정엽은 4세 이후부터 활발하게 발달하기 시작합니다.

이렇게 영역별 발달시기가 다른 것은 어쩌면 다행일 수도 있습니다. 뇌는 우리가 섭취하는 음식과 산소를 연료로 하여 활동하는데, 하루에 먹는 음식과 흡수하는 산소의 20퍼센트를 뇌가 혼자서 써버린다고 합니다. 그것도 매우 평범하고 일상적인 생활을 할 때 소비되는 양인데요. 한창 발달하는 시기에는 더 활발하게 뇌를 움직일 수밖에 없겠지요. 그러면 더 많은 음식과 산소가 필요할 것이고요. 뇌가 성장하고 발달하면서 키도 클 수 있고 몸무게도 늘어날 수 있는 것은 그나마 영역별 발달시기가 다르기 때문이라고 볼 수 있겠네요. 만약 영역별로 발달시기가 다르지 않다면 신체에 영양을 공급할 새도 없이 뇌 혼자 모든 산소와 영양분을 소비해 버릴 것입니다.

뇌가 영역별로 발달하는 시기가 다르다는 것은 육아에 있어서 중요하게 생각해 봐야 할 핵심적인 내용입니다. 앞서 설명한 것처럼 언어발달의 핵심적인 시기는 4세 때부터 시작해 초등학교 저학년 정도까지 진행되는데, 이를 무시하고 태어난 지 얼마 되지 않은 영유아에게 영어 공부를 시킨다면 '과잉학습장애'로 이어질 가능성도 있습니다.

어린 시기부터 모든 영역과 관련된 학습을 동시에 시키는 것은 뇌의 발달적 원리나 특성에 있어서 무의미할 수 있습니다. 뇌의 각 영역이 가장 잘 학습할 수 있는 시기에 필요한 학습을 시키는 것이 건강하게 뇌가 발달하고 성장하는 핵심이 됩니다.

감정이 학습을 좌우한다

우리 뇌에서는 다양한 신경전달물질이 방출됩니다. 신경전달물질은 학습, 기억, 기분 조절, 수면 등 다양한 인간의 활동과 기능을 할 수 있게 만들어주는 원동력이 됩니다. 이 중 세로토닌, 도파민, 노어에피네프린이라는 신경전달물질은 우리의 기분과 감정에 중요한 영향을 미칩니다. 이 세 가지 신경전달물질은 직접적으로는 공격성, 우울감 등의 감정을 좌우하고 간접적으로는 학습 효과와 기억력을 높이는 기능도 담당합니다. 예를 들어 도파민이라는 신경전달물질이 우리 뇌에 방출되면 즐거운 기분을 느끼게 됩니다. 그러나 도파민의 양이 적정 수준보다 낮을 때는 우울해지고 너무 지나치게 넘쳐나면 조현병이나 양극성 장애 등의 정신질환을 일으키기도 합니다.

기분이 가라앉거나 너무 들뜨면 사소한 인지적 기능에서도 문제가 생깁니다. 우울감을 심하게 느끼는 경우, 처음에는 의욕이 없고 잠을 못 자는 증상 등이 나타나다가 더하기, 빼기와 같은 간단한 계산도 못 할 정도가 됩니다. 이처럼 기분과 감정은 인지기능과 인지능력에 결정적인 영향을 줍니다. 그러므로 아이를 학습에 집중시키고 높은 학업 성취를 얻게 하기 위해서는 공부에 대한 흥미와 즐거움, 의욕을 갖게 하고 스트레스가 없는 안정적인 정서를 갖게 하는 것이 중요하다고 말할 수 있겠습니다.

차이를 인정하라

과학기술의 발달을 통해 우리가 얻게 된 가장 큰 소득이자 공헌 중 하나는 살아 있는 사람의 뇌를 촬영할 수 있게 된 것이라고 말씀 드렸었죠. 하지만 이제는 뇌의 촬영 방법도 다양해졌고, 보다 세밀하게 뇌를 관찰할 수 있게 되었으며, 뇌의 신경세포 하나하나의 움직임까지 들여다볼 수 있게 되었습니다. 이처럼 놀라운 발전 덕분에 알게 된 가장 근본적인 원리는 바로 개인마다 뇌가 다르다는 점입니다. 사람들이 눈 두 개, 코 하나, 입 하나를 가지고 있지만 그 생김새가 모두 다르듯 사람들의 뇌간, 변연계, 대뇌피질도 그 모양이나 형태에서 차이를 보인다는 것입니다.

이와 같은 차이는 그 사람만의 독특한 능력을 반영하게 됩니다. 대뇌피질 중 후두엽의 부피가 큰 사람이라면 시각능력이나 공간능력이 발달해 있을 것이고, 좌측 측두엽의 부피가 큰 사람이라면 언어능력이 발달한 사람이라고 유추할 수 있습니다. 음악적 재능을 가진 사람은 우측 측두엽의 부피가 클 것입니다. 사람들이 제각각 다른 능력을 갖고 있다는 것은 다른 뇌를 가지고 있다는 증거인 셈입니다.

그렇다면 뇌의 개인차를 결정하는 요인은 무엇일까요? 그것은 얼굴 생김새를 결정하는 요인과 같습니다. 바로 유전과 환경인데요. 우리의 외모는 부모님과 거의 비슷하지요. 물론 부모님 중 한쪽을 더 많이 닮을 수도 있지만 부모 모두의 영향을 받아 생김새가 결정된다고 말할 수 있습니다. 뇌도 마찬가지입니다. 부모님 유전자의 영향을 받아 만들어지는 것이지요. 부모님의 음악적 능력이 뛰어나다면 자녀도 그러한 능력을 물려받을 확률이 높습니다. 그렇지만 그것이 전부일까요?

물론 아닙니다. 환경의 영향도 무시할 수 없습니다. 부모님의 유전자를 물려받았더라도 어떤 환경에서 성장하는가에 따라 부모님에게 물려받은 능력이 더 발달할 수도 있고 사라질 수도 있는 것이지요. 부모의 음악적 능력을 물려받아도 음악을 듣지 못하는 환경에서 성장한다면 그 능력은 점차 저하되는 것입니다.

절대적 타이밍을
놓치지 마라

유전일까, 환경일까?

인간의 지능은 유전에 의해서 결정될까요? 아니면 환경에 의해서 결정될까요? 이 물음은 오랜 시간 동안 많은 학자들의 논쟁 주제였습니다. 이 주제만큼 치열했던 논쟁이 있었는데요. 바로 뇌발달의 결정적 시기critical period가 있는가, 없는가에 대한 대립이었습니다. 특히 1970년대 언어학자들은 이 문제를 가지고 치열하게 논쟁했습니다. 대표적인 학자로는 촘스키Chomsky와 렌네버그Lenneberg가 있었습니다. 이 두 학자들은 당대 최고의 언어학자였으며 생득주의라는 이론에 대한 입장은 같았습니다. 즉, 두 사람 모두 인간은 세상에 태어날 때부터 이미 지식을 가지며 언어 역시 태어나서 배우게 되는 것이 아니라 선천적으로 갖고 태어난다는 데에 의견을 같이하였습니다.

두 학자 모두 침팬지와 같은 영장류가 아무리 영리하다고 해도 인간의 언어를 배울 수 있는 능력은 없고 인간만이 다른 동물과 달리 생득적으로 언어를 생성하는 기제를 갖고 태어나서 언어를 습득하게 된다고 주장하였습니다.

그러나 두 사람은 언어를 습득하는 기간에 대해서는 다른 입장을 가지고 있었습니다. 촘스키는 인간은 언어습득장치Language Acquisition Device : LAD라는 것을 가지고 태어나 자연스럽게 언어를 배우고 습득해 가며 그 기간이 특별히 정해져 있는 것은 아니라고 주장하였습니다. 그러나 렌네버그는 달랐습니다. 인간이 언어를 습득하는 선천적인 능력을 갖고 태어나는 것은 맞지만, 인간이 태어나서 성숙하는 시간표를 살펴보았을 때 10대 이전에 언어를 배워야만 하며, 이후에 언어를 배우는 것은 거의 불가능하다고 주장했습니다.

두 사람의 주장 중 어떤 쪽이 맞는가는 언어학자들뿐만 아니라 심리학과 교육학을 연구하는 사람들에게도 상당히 중요합니다. 만약 촘스키의 주장이 맞다면 나이와 관계없이 어느 시점에서든 언어를 배우는 것이 가능하기 때문에 수준에 따라 잘 구성된 교재를 만들기만 하면 되는 것이고, 렌네버그의 주장이 맞다면 10대가 되기 전에 서둘러서 언어를 학습할 수 있는 교육과정을 마련해야 인간으로서 제대로 된 기능과 역할을 할 수 있다는 결론에 이르기 때문입니다.

팽팽하게 대립하던 두 사람은 결국 렌네버그의 주장이 보다 합리적이라는 데에 이르게 되었는데요. 바로 지니 와일드 사건 때문이었습니다.

지니 와일드, 불행한 대발견

언어의 습득기간에 관한 오랜 논쟁 끝에 이르게 된 결론은 언어를 배우는 데 있어서 최적의 시기, 즉 반드시 배워야만 하는 적절한 시기가 있다는 것이었습니다.

1970년에 미국 사회를 충격에 빠뜨린 이른바 지니 와일드 사건이 발생합니다. 경찰들과 복지부 직원들에 의해서 지니가 발견되었을 때 그녀의 나이는 13세였습니다. 이웃집 사람들의 신고를 받고 출동한 경찰들이 지니의 집을 급습하였을 때 지니는 어두운 골방에서 짐승처럼 온몸이 묶인 상태로 웅크리고 있었습니다. 문이 열리고 빛이 들어오면서 낯선 사람들이 보이자 지니는 알 수 없는 괴성을 질러대며 구석으로 가서 머리를 처박았고 몸을 떨었습니다. 지니는 제대로 서서 걷지도 못했고, 음식을 씹지도 못했으며, 말도 전혀 하지 못했습니다.

지니의 아버지는 정신적으로 문제가 있는 사람이었고 엄마는 장애인이었습니다. 지니에게는 오빠가 있었는데 인지, 언어 등 여러 측면에서 별 이상이 없었고 정상적으로 학교도 다니는 멀쩡한 상태였습니다. 이를 본 사람들은 지니 역시 태어났을 때는 모든 기능이 정상적이었을 거라고 유추했습니다. 그러나 지니의 아버지는 지니가 태어난 지 얼마 되지 않아 딸의 우는 소리가 듣기 싫다며 골방에 가둬놓고 사람들과의 상호작용을 완전히 차단시켜버렸던 것입니다. 지니는 최소한의 음식과 물로만 13년을 연명해 왔고, 태어나서 경찰들이 발견했을 당시까지 한 번도 사람과 대화를 나눠보지 못했습니다. 언어, 사회적 기술 등을 학습해 본 경험은 당연히 전혀 없었겠지요.

지니는 그 후 10년 동안 미국 전역에서 내로라하는 유능한 심리학자, 아동학자, 언어학자, 의사, 상담사, 심리치료사 등의 도움을 받았습니다. 그럼에도 불구하고, 10여 년 동안 지니가 배울 수 있는 말은 불과 몇 단어밖에 되지 않았습니다. 인간이라면 누구나 누려야 할 기본적인 삶의 권리를 박탈당한 채 어린 시절의 학습과 경험의 기회를 빼앗긴 지니는 결국 일상으로 돌아올 수 없었습니다.

인간에게 언어는 인간다운 삶을 살아가기 위한 가장 중요한 도구라고 할 수 있겠는데요. 인간은 언어를 가지고 있기 때문에 무엇인가를 배울 수 있고, 기억할 수 있으며, 사고할 수 있습니다. 언어가 없다면 '물 좀 달라'는 말도 할 수 없겠지요. 너무도 당연하게 생각되는 이런 간단한 표현이나 사고도 언어가 없으면 불가능합니다. 인간이 복잡한 사고를 할 수 있고 대대손손 문화와 삶의 지혜를 전달할 수 있었던 것도 언어를 가지고 있었기 때문입니다.

인간에게 언어를 빼앗는다면 당연히 지적인 능력, 즉 지능도 발달할 수 없습니다. 10년 동안 전문가들의 교육과 훈련을 받았지만 지니 와일드의 지능지수는 강아지와 비슷한 수준이었다고 합니다.

지능이 발달하기 위해서는 다양하고 방대한 사고능력을 가져야 하고 이러한 사고능력을 갖기 위해서는 언어가 필요한데, 언어를 배울 기회를 박탈당했던 지니는 결국 사고능력도 지능도 사라지게 되었던 것입니다.

더 알아보기

결정적 시기의 중요성

1920년대 인도의 정글에서 야생상태로 살고 있는 두 명의 어린 소녀가 발견되었습니다. 두 소녀는 사람의 모습을 하고 있었지만 행동이나 눈빛은 동물과 같았습니다. 네 다리로 기어 다니고, 음식을 먹을 때도 음식에 얼굴을 푹 담근 채 혀로 핥아먹는 모습이 마치 늑대와 같았습니다. 그래서 사람들은 이 소녀들을 늑대 소녀라고 불렀지요. 하지만 태어난 직후부터 늑대 무리에서 자랐던 두 소녀는 사람들에게 발견된 이후 몇 년이 지난 후에도 인간답게 살지 못하고 겨우 45개의 단어만을 익힌 채 얼마 지나지 않아 사망하고 말았습니다.

다른 이야기를 하나 더 살펴볼까요? 2001년 칠레의 작은 항구 도시에서 10대로 추정되는 소년이 들개 무리에서 발견되었습니다. 이 소년은 태어난 직후 부모에게 버림받고 인근 들개 무리의 대장인 암캐의 젖을 먹으며 자랐습니다. 이후 들개들과 쓰레기통을 뒤지며 살다가 한 경찰관의 눈에 띄어 재활치료시설로 보내졌습니다. 소년은 사람들을 보면 들개처럼 이를 드러내며 짖어댔고 심지어 물려고 덤벼들기까지 했습니다. 이 소년은 아직도 인간의 언어를 모르는 상태에 있다고 전해지고 있습니다.

이 두 가지 사례에는 공통점이 있습니다. 늑대 소녀들과 들개 소년 모두 인간들에 의해 발견된 뒤 꾸준히 적응치료를 받았지만 결국 인간사회에 적응하지 못했다는 점입니다. 언어를 습득할 수 있는 결정적 시기, 뇌가 발달할 수 있는 중요한 시기를 놓친다면 인간의 언어를 배우고 인간으로서의 삶을 회복하기 어렵다고 할 수 있겠습니다.

모든 것은 때가 있다

지니 와일드, 늑대 소녀, 칠레의 들개 소년 등의 사례로부터 우리가 얻을 수 있는 결론은 다음과 같습니다.

첫째, 언어를 습득하는 데에는 정해진 시간이 있다는 것입니다. 어린 시절 언어를 배울 기회를 갖지 못하면 언어를 제대로 구사하기 어렵습니다. 물론 몇 개의 단어를 말할 수는 있겠지만, 문법 구조를 갖춰서 제대로 된 문장을 말하고, 다른 사람들이 하는 말을 정확하게 이해하는 것은 거의 불가능하다고 할 수 있습니다. 지니 와일드가 약 10년 동안 배울 수 있었던 단어는 불과 몇 개밖에 되지 않습니다. 그나마 소리를 낼 수 있었던 단어도 정확하게 의미를 알고 말했다기보다 수없이 많은 반복과 연습으로 나타난 결과였습니다.

지니는 인간이 언어를 습득할 수 있는 정해진 시간 안에 언어를 배우지 못했기 때문에 언어와 관련된 신경세포가 사라져버렸고 평생 언어를 제대로 사용하지 못했습니다. 이미 소멸된 뇌세포는 다시 복구되지 않기 때문에 다시 언어를 배우는 일이 불가능했던 것입니다.

둘째, 언어를 배울 수 있는 생물학적 기제, 즉 언어와 관련된 뇌영역이 있으며 언어를 가장 잘 배울 수 있는 뇌발달의 결정적 시기가 있다는 점입니다, 결정적 시기란 뇌발달에 있어서 가장 중요한 시간이라는 의미입니다. 결정적 시기에 있는 아이들의 뇌는 쉽게 받아들이고 빨리 배우게 됩니다.

태어나서 성장하는 동안 부모님 혹은 양육자를 통해서 지속적으로 듣게 되는 소리, 단어, 문장 등은 아이가 언어를 습득하여 언어를 사용하고 구사하는 밑거름이 됩니다. 언어발달의 결정적 시기가 되면 뇌는 엄청난 속도로 언어를 배웁니다. 뇌로 전달되는 많은 언어 자극과 다른 사람들의 말들은 언어를 처리할 수 있는 능력으로 이어지게 되지요. 인간이 소리를 낼 수 있는 성대와 언어를 익힐 수 있는 뇌세포라는 생물학적 기제를 모두 가지고 있다는 것은 축복입니다.

셋째, 언어를 갖지 못하면 다른 능력도 발달할 수 없다는 점입니다. 앞서 예로 들었던 안타까운 이야기의 주인공들은 언어를 배울 수 있는 기회를 갖지 못해서 인간의 언어를 사용하지 못할 뿐만 아니라 다른 인지적 능력도 발달하지 못했습니다. 인간은 언어라는 매개를 통해 많은 지식과 정보를 얻습니다. 인간에게 언어가 없었다면 원시인들처럼 알 수 없는 울부짖음과 괴성으로 의사소통하고 표현했을 것입니다. 언어라는 상징을 배우고 학습했기 때문에 우리는 많은 정보를 알게 되었고 다른 사람에게 그 정보를 전달할 수 있게 된 것이지요. 또한 이러한 과정을 통해 우리의 지적 능력, 즉 지능이 발달하게 된 것입니다.

언어발달이 가장 왕성하게 이루어지는 시기에 지니는 어두운 골방에서 온몸이 묶인 채 사람의 목소리를 전혀 듣지 못하고 지냈습니다. 결국 언어를 관장하는 뇌세포는 죽어갔고 도미노 현상처럼 인지능력과 관련된 뇌세포 역시 줄줄이 사라진 것이지요.

언어뿐만 아니라 모든 영역, 즉 정서, 신체를 포함한 다양한 능력들이 발달하기 위해서는 관련되어 있는 영역별 뇌발달의 결정적 시기에 경험과 자극을 제공받아야 합니다. 그래야 뇌의 구조가 제대로 만들어지고 인간다운 기능을 실행할 수 있게 되는 것이지요.

흔히 어른들께서 "배우는 것도 다 때가 있다"라고 말씀하시죠. 그 말은 공부하지 않는 아이에게 노파심에서 하는 말이 아니라 "뇌발달은 결정적 시기가 있다"라는 말과 일맥상통하는 것입니다. 뇌과학이 전혀 발달하지 않았던 그 시절 어른들께서 그 사실을 알고 있었다니 신기한 일이지요.

결정적 시기와 각인

오스트리아의 동물행동학자인 콘라드 로렌츠Konrad Lorenz는 물고기와 조류의 행동 연구를 하던 중 재미있는 현상을 발견하게 되었습니다. 그는 조류가 움직임에 대해서 어떻게 인식하고 행동하는지를 연구하기 위해 어미 오리가 낳은 알을 두 집단으로 나누었습니다. 그런 뒤 한 집단은 어미 오리가 부화하도록 했고, 다른 집단은 로렌츠가 직접 부화기에 넣어 부화시켰습니다, 그런데 로렌츠가 부화시킨 오리들은 로렌츠를 어미로 알고 계속해서 졸졸 따라다녔습니다. 병아리들도 같은 행동을 보였는데요. 이것은 바로 결정적 시기와 각인이라는 현상으로 설명할 수 있습니다.

병아리, 오리와 같은 조류는 부화된 지 13~16시간 내에 눈앞에 보인 물체를 어미로 받아들이고 따르는 추종행동을 보인다고 합니다. 로렌츠는 이러한 현상에 대해 각인imprinting이라고 명명했습니다. 또한 각인이 나타나는 시기가 바로 뇌의 결정적 시기라고 주장했습니다.

결정적 시기에 주어지는 정보와 자극들은 머릿속에서 지워지지 않고 각인된 채 남아 있게 되는데요. 이 말은 무슨 의미일까요? 결정적 시기는 유전적으로 모든 생명체가 갖고 태어나지만 결정적 시기의 성공 여부는 환경에 따라 달라질 수 있음을 의미합니다. 실제로 어떤 종류의 새라도 결정적 시기에 부모 새의 소리를 듣지 못하면 나중에 부모 새의 소리를 들려주고 온갖 노력을 기울여도 절대로 소리를 내지 못하는 사실을 발견하였습니다.

인간도 마찬가지입니다. 언어발달이나 정서발달의 결정적 시기인 생의 초기, 즉 영유아기에 좋은 정보, 좋은 자극이 주어지면 그것들이 각인되지만, 결정적 시기에 아무런 정보도 경험하지 못하면 중요한 발달을 놓치게 됩니다. 더욱 큰 문제는 이때 만약 유해한 정보가 주어진다면 아이에게 그 정보가 각인된다는 점입니다. 유해한 정보에는 어떤 것들이 있을까요? 폭력적인 언어, 욕, 술, 담배, 선정적인 동영상, 공격적인 게임 등등 어른들이 보기에 부정적인 내용을 담고 있는 정보들이겠지요. 이런 부정적인 정보가 우리 아이들의 뇌에 각인된다면 얼마나 끔찍한 일일까요! 건강한 뇌발달을 위해 결정적 시기의 적절한 자극이 아이들의 미래를 결정할 수 있다는 걸 기억해야 합니다.

잠재력의 힘을
믿어라

무궁무진한 뇌의 가소성

　몇 해 전 스마트폰을 바꾸고 매뉴얼에 나와 있는 이런저런 기능을 살펴보면서 놀라워하고 있었습니다. 옆에서 새로운 기기에 대해 관심을 보이던 아이들이 이렇게 말하더군요. "엄마, 스마트폰은 참 똑똑한 것 같아요. 못하는 것이 없어요. 우리보다 똑똑한 기계인가 봐요."

　스마트폰의 다양한 기능을 보면 그런 생각이 들만도 하겠다 싶었습니다. 그러나 스마트폰을 비롯해 아무리 똑똑한 기능을 자랑하는 컴퓨터라 해도 인간과는 비교할 수가 없지요. 인간으로서의 존엄성 같은 철학적 개념 말고도 인간의 뇌는 부품들의 조합인 스마트폰이나 컴퓨터가 도저히 흉내 낼 수 없는 능력과 특징을 갖고 있습니다. 그것은 바로 인간 뇌의 가소성plasticity 입니다.

원래 가소성은 물리학의 개념입니다. 외부에서 계속해서 물체에 힘을 가하게 되면 그 힘을 제거해도 물체가 원래 상태로 돌아가지 않고 바뀌거나 늘어난 상태로 있는 성질을 가리키는 말입니다. 이러한 개념은 인간의 뇌에도 똑같이 적용하여 설명할 수 있습니다. 우리 뇌는 약 1,000억 개의 신경세포, 즉 뇌세포로 이뤄져 있는데요. 이 각각의 뇌세포에는 아직 발현되지 않은 잠재능력 혹은 정보들이 포함되어 있습니다. 이들 세포가 낱낱의 형태로 있을 때는 특별한 능력을 발휘하지 못하다가 시냅스라는 연결망을 통해 작동되면 비로소 능력을 발휘하게 됩니다. 뇌는 세포끼리의 연결, 즉 시냅스가 많이 형성될수록 정보를 효과적으로 잘 처리하게 됩니다. 그리고 이러한 시냅스는 외부의 자극 혹은 정보에 의해 무궁무진하게 만들어질 수 있는데 이것이 바로 가소성이라고 말할 수 있는 것입니다.

가령 우리가 이전에 보지 못한 수학 문제를 풀게 되었다고 해보지요. 이때 풀어야 하는 수학 문제는 우리 뇌에 주어지는 외부 자극이 됩니다. 이 문제를 해결하기 위해서는 여러 수학 지식이 필요합니다. 이전에 알고 있었던 낱낱의 수학 정보들은 뇌세포 각각의 모습으로 흩어져 있지만, 수학 문제를 풀기 위해서 낱낱의 정보들이 연결됩니다. 시냅스가 만들어지는 것이지요. 이렇게 만들어진 시냅스는 다음에 비슷한 수학 문제를 풀 때 그 능력을 발휘하게 됩니다. 그리고 다른 종류의 수학 문제를 만나게 되면 또 다른 시냅스를 만드는 과정을 계속해서 반복합니다. 이것이 바로 우리 뇌의 가소성입니다. 낱낱의 뇌세포들이 상상할 수 없을 정도로 많은 시냅스를 만들어내는 과정이 바로 가소성이며, 이 가소성을 통해 잠재력이 발현되어 능력이 됩니다.

이런 점들이 인간의 뇌를 스마트폰, 컴퓨터와 비교할 수 없다고 말할 수 있는 특징입니다. 부품의 기능대로만 움직이는 기계와 환경 자극에 따라서 엄청난 시냅스를 만들어내는 인간의 뇌는 절대 비교할 수 없는 것이지요.

똑똑해지는 원리

눈으로 볼 수는 없지만, 뇌발달의 신비로운 메커니즘인 가소성은 우리의 뇌를 똑똑하게 만들어주는 원리입니다. 그렇다면 가소성은 어떻게 이루어질까요? 아니 어떻게 하면 가소성이 잘 이루어지게 할 수 있을까요? 이 원리만 알게 된다면, 우리 아이들의 뇌는 더욱 잘 발달할 수 있을 것입니다.

그 해답은 바로 다양하고 풍부한 경험입니다. 풍부한 자극과 환경, 정보들이 뇌세포의 시냅스를 쉽게, 그리고 엄청난 수로 증가시키기 때문인데요. 시냅스가 어느 정도 만들어졌는가에 따라 뇌의 기능과 구조는 더 효과적인 방향으로 변화할 수 있습니다. 자동차가 목적지까지 갈 수 있는 길이 많을수록 상황에 따라 잘 그리고 효과적으로 도달할 수 있듯이 시냅스가 많이 형성되어 있고 풍부할수록 정보 전달과 뇌의 기능은 더욱 좋아질 수 있습니다.

뇌의 가소성에 따라 뇌 발달은 얼마든지 달라질 수 있는데요. 그렇다고 해서 모든 환경이 가소성을 촉진하는 것은 아닙니다. 뇌의 가소성은 부모님 혹은 양육자가 아기에게 적절한 환경을 만들어줄 때 나타난다는 점을 기억하시길 바랍니다.

예를 들어보도록 하겠습니다. 아기는 엄마의 배 속에 있을 때부터 환경에 의해 영향을 받게 됩니다. 엄마의 배 속은 태아에게 어느 장소보다 안전한 곳이지만, 약물, 음주, 흡연 등 잘못된 환경이 조성되면 엄마에게 절대적으로 의존하고 있는 태아에게는 치명적인 영향을 미칠 수 있습니다. 태어난 이후는 어떨까요. 단편적이고 감각 자극에 전혀 도움이 되지 않는 환경은 아기 뇌의 가소성에 도움이 되지 않을 것입니다. 반대로 아기가 받아들이기 어려운 수준의 학습 자료 등을 제공한다면, 이 역시 아기의 가소성에 좋지 않을 영향을 미치게 될 것입니다.

결국 아기 뇌의 가소성에 도움이 되는 방법은 연령에 맞게, 발달적 특성에 맞는 오감과 관련된 다양한 자극을 제공하는 것입니다.

3년 주기로
양육법을 바꿔라

육아도 운동처럼

많은 사람이 건강을 위해 근력 운동을 합니다. 근육을 만들기 위해서는 팔이며 다리가 금방이라도 터질 지경이 될 때까지 같은 동작을 반복해야 하지요. 이렇게 지루하고 고통스러운 연습을 몇 달 동안 반복하고 나면 조금씩 변화가 나타나기 시작합니다. 그래서 몸이 단단해지고 힘이 들어가면서 근육이 강해지게 됩니다. 한 번 근육이 생기고 근육량의 변화가 나타나면 근육이 생기는 속도도 상당히 빨라집니다. 그런데 더 놀라운 것은 그 반대의 경우입니다. 근육이 만들어지고 근육량이 증가하는 데에 많은 시간이 걸리지만, 운동을 게을리하면 얼마 지나지 않아 예전의 상태로 금방 원상복귀가 된다는 것입니다.

신기하게 우리 뇌도 마찬가지의 원리에 따라 발달합니다. 뇌발달에 대해서 많은 사람들이 거창한 비밀이 있을 것이라 생각하지만 단순하게도 반복이라는 원리가 뇌발달의 중요한 메커니즘입니다.

일상생활에서 경험하는 반복학습의 결과는 얼마든지 찾아볼 수 있습니다. 처음에는 제대로 할 줄 모르고 서툴기만 했던 일들이 반복하다 보면 익숙해지게 되지요. 보드 게임, 스도쿠 게임을 떠올리면 금방 이해가 되실 것입니다. 물론 반대의 경우도 있습니다. 잘 알던 게임이나 놀이도 반복하지 않으면 어느 순간 더듬거리고 초심자처럼 행동하기도 합니다.

실제로 이러한 원리를 연구해 1980년대 노벨 생리학상을 받은 두 연구자가 있습니다. 하버드대학 교수였던 베이비드 허블David Hubel과 토르스텐 비셀Torsten Wiesel이 그들인데요. 두 연구자는 실험을 통해 어떤 영역이든 반복하지 않으면 뇌의 기능뿐 아니라 뇌세포 자체가 사라진다는 사실을 밝혀냈습니다. 그들은 뇌의 모든 기능이 정상인 원숭이와 고양이를 데려다가 한쪽 눈을 외과적인 수술로 완전히 꿰매버렸습니다. 그런 뒤 약 3개월 동안 원숭이와 고양이를 아주 좋은 환경에서 키웠습니다. 좋아하는 먹잇감을 충분히 주고, 안락하고 따뜻한 공간과 재미있게 놀 수 있는 놀잇감도 제공해 주고, 어미와 형제들과도 충분한 시간을 보낼 수 있게 해주었지요. 그런데 3개월 후 꿰매놓았던 한쪽 눈을 풀었을 때 더 이상 원숭이와 고양이는 그 눈으로 앞을 보지 못하게 되었습니다. 3개월 전에는 정상이었던 눈이 아무런 자극을 받지 못하는 기간 동안 그 기능이 완전히 사라져버린 것이지요.

두 연구자는 원숭이와 고양이의 안구 상태를 먼저 살펴보고 난 뒤 후두엽을 함께 조사했습니다. 생명체가 눈에 보이는 물체를 지각하고 인식하는 시각피질의 뇌세포가 자리 잡고 있는 것이 바로 후두엽이기 때문이지요. 동물들의 안구 상태는 정상 상태였습니다. 문제는 뇌세포였습니다. 시각피질이 있는 후두엽 중 봉합된 눈과 연결되어 있는 부분의 뇌세포가 손상되어 있었던 것입니다.

눈, 즉 안구는 물체의 상이 눈에 맺히도록 하는 역할을 합니다. 물체의 형태, 움직임, 색상, 크기 등이 눈에 비치면 그 정보가 시신경을 통해서 전달되어 후두엽으로 가게 됩니다. 후두엽에서는 사물을 지각하고 인식하는 기능은 담당합니다. 그런데 원숭이와 고양이의 경우 3개월 동안 봉합되어 있던 한쪽 눈과 연결되어 있는 후두엽에 아무런 자극이 전달되지 않았고 뇌세포들이 정보를 주고받을 기회를 잃어버리게 된 것입니다. 뇌세포는 외부의 충격으로 인해 손상을 입기도 하지만 이렇게 아무런 자극을 받지 못해 활성화가 되지 않는 시간이 길어지면 스스로 퇴화되어 버립니다.

근육과 마찬가지로 뇌 역시 사용할수록 단단해지고 튼튼해집니다. 뇌세포가 서로 정보를 교환하면서 더 많은 시냅스를 만들기 때문이지요. 무엇인가 한 번 해보고, 한 번 경험해 봄으로써 만들어지는 시냅스는 그렇게 튼튼하고 단단하지 않습니다. 하지만 반복적으로 정보를 주고받고 자주 사용하면 단단하고 견고해집니다. 반대로 사용하지 않은 근육이 허무하게 사라지는 것처럼 뇌세포 간의 시냅스도 사용하지 않은 기간이 길어지면 점차 약해지고 사라져버리게 됩니다.

단지 공부, 학습과 관련해서 이러한 뇌발달의 메커니즘이 적용되는 것은 아닙니다. 대인관계 기술, 정서통제 및 조절능력에도 마찬가지로 적용됩니다. 인간이 보이는 모든 행동을 관장하고 담당하는 뇌세포는 우리 뇌 속에 이곳저곳에 퍼져 있습니다. 사람들과 원만하게 지내고 다른 사람을 이해하고 공감하는 행동들을 경험하고 연습해 보지 않으면, 대인관계의 기술과 공감능력이 전혀 없는 사람이 될 수도 있는 것입니다.

따로 또 같이

뇌발달의 결정적 시기의 의미에 대해서 살펴보았는데요. 그렇다면 그 시기는 언제일까요? 모든 능력과 영역이 한꺼번에 결정적 시기를 맞게 되는 것일까요? 이를테면 추리력, 공간유추능력, 판단력, 기억력 등의 인지능력과 정서의 표현 및 감정의 이해, 공감 등의 정서 관련 능력 등이 모두 동시에 동일한 연령에 결정적 시기를 맞는 것일까요?

그 대답을 알아보기 전에 먼저 우리가 기억해야 할 사실이 있습니다. 1.4킬로그램 정도의 무게밖에 되지 않는 뇌가 제대로 작동하고 활성화되기 위해서는 꽤 많은 양의 영양분과 산소가 필요하다는 것입니다. 우리가 하루 종일 섭취하는 음식과 들이마시는 산소 중 20퍼센트는 뇌 혼자서 사용합니다. 건강에 좋은 음식과 신선한 공기는 우리의 몸뿐 아니라 뇌에도 좋은 연료가 되는 것이죠.

일상적인 생활을 하기 위해서 이 정도의 연료가 필요하다는 것을 이해했다면 결정적 시기에는 더 많은 연료가 필요하다는 것을 유추하실 수 있을 것입니다. 그럼 다시 처음의 질문으로 돌아가보도록 하겠습니다. 인간의 모든 능력의 결정적 시기는 동일할까요?

그렇지 않습니다. 만약 인지, 정서, 행동 등 인간의 모든 능력이 동시에 풀가동해 결정적 시기를 맞는다면 아마도 우리가 섭취하는 모든 음식과 들이마시는 산소를 뇌 혼자서 다 소비해도 부족할 것입니다. 다행히도 뇌 발달은 영역 혹은 능력별로 결정적 시기가 다릅니다. 의학자, 생리학자, 심리학자들은 이에 관한 연구를 통해 발달 영역별 결정적 시기에 대한 뇌발달 단계를 제시하고 있습니다.

첫 번째 단계는 오감이 발달하는 단계로 0~3세까지를 말합니다. 이 시기에 아이의 뇌는 폭발적으로 성장합니다. 인지, 정서를 비롯해 인간의 모든 정신활동이 골고루 발달하는 시기입니다.

두 번째 단계는 전두엽이 가장 활발하게 이뤄지는 단계로 3~6세 정도에 이루어집니다. 뇌의 이마 부분에 해당하는 전두엽은 우리 뇌의 CEO 역할을 하지요. 즉, 사고, 판단, 주의집중력, 언어, 감정 등 인간의 뇌에서 일어나는 모든 기능과 작용에 적극적으로 관여합니다. 심지어 도덕성과 인간성까지도요. 두 번째 단계에서는 인간으로서 살아가는 데 필요한 모든 지적 기능과 성품의 기초를 세우게 되는 것이지요.

세 번째 단계는 언어발달의 단계로 6~12세까지를 말합니다. 인간의 언어는 주로 측두엽에서 담당하는데요. 특히 좌측 측두엽에서는 언어라는 상징이 갖고 있는 의미를 이해시키고, 말의 형태로 표현하도록 만들어줍니다. 세 번째 단계 이전까지 모국어를 학습했다면 이 단계부터는 모국어와 다른 언어를 구별하고 이해하는 능력이 급격하게 성장하는 것이지요.

네 번째 단계는 후두엽이 발달하는 단계로 우리나라 초등학교 고학년 이상의 연령대가 여기에 속합니다. 이 시기에는 시각피질이 자리 잡고 있는 후두엽이 가장 활발하게 발달합니다. 시각피질의 발달 덕분에 이 시기의 청소년들은 자신의 외모에 특별히 신경을 쓰며 남들과 비교도 해보고 자신이 어떤 사람인지 궁금해하기도 합니다.

뇌발달의 각 단계에는 결정적 시기를 맞게 되는 영역을 말하고 있는데요. 양육 환경의 초점은 단계별로 달라져야 한다는 점을 기억해 주시면 좋겠습니다. 갓 태어난 아기가 상황에 잘 적응해 행복한 삶을 살아갈 수 있게 하려면 적절한 환경을 제공해 주어야겠지요. 이때 중요한 점은 모든 환경과 자극을 한꺼번에 제공하는 것이 아니라 다양한 환경과 자극을 받아들일 준비가 되어 있는 결정적 시기에 조성해야 한다는 것입니다.

Q 결정적 시기를 놓치면 뇌는 어떻게 되나요? 발달할 수 있는 기회를 잃는 건가요? 또 발달 영역도 사라지게 되는 것인지요?

A 결정적 시기는 뇌가 발달하기에 가장 좋은 시기를 의미합니다. 비유해서 설명해 보도록 하겠습니다. 환기하기 위해 창문을 열 때 반쯤 여는 게 환기가 잘될까요, 활짝 여는 게 환기가 잘될까요? 당연히 창문을 활짝 열었을 때이겠죠. 결정적 시기는 창문이 활짝 열려 있는 시기라고 보시면 됩니다. 공기가 쉽게 들어오듯 결정적 시기에는 아이들이 체험하고 경험하는 정보와 지식 등이 쉽게 받아들여지는 시기입니다. 그런데 결정적 시기가 지났다는 것은 마치 창문이 많이 닫혀서 조금밖에 벌어지지 않는 상태와 같은 것이지요. 결정적 시기에는 무엇이든 쉽게 배우고 머릿속에 잘 입력이 되지만 결정적 시기에서 멀어지면 배우는 데 시간이 많이 걸리고 잘 잊힐 수도 있습니다. 어떤 경우에는 학습이 거의 불가능해지기도 합니다. 앞서 살펴본 지니 와일드가 그러한 경우겠지요. 체험과 경험이 박탈되는 시기가 길어질수록 결정적 시기와도 점점 멀어지게 되고, 이후에는 아무리 반복해도 학습이 되지 않기도 합니다.

Q 뇌가 발달하기 위해서는 가소성을 촉진하는 환경이 중

요하다고 했는데, 가소성을 촉진하는 환경은 어떤 환경
인가요?

A 가소성은 여러 가지 다양한 경험을 통해서 이뤄집니다. 그
러므로 단조롭고 틀에 박힌 똑같은 놀이나 경험이 아닌 새
로운 놀이와 경험을 제공해 줘야 가소성이 촉진될 수 있습
니다. 그렇다고 해서 아이에게 학습 자료를 다양하게 제공
하라는 의미는 아닙니다. 새롭고 다양한 경험을 제공하려는
목적으로 이런저런 학습 교구나 교재 등을 유아에게 마구
제공하는 것은 가소성을 촉진하는 환경을 조성하기는커녕
오히려 정서적으로 스트레스를 줄 수 있습니다.

어린아이와 유아들은 아직 시력이 완성되지 않았기 때문에
무리하게 글자 학습을 시키는 것은 오히려 뇌발달을 저해할
수 있습니다. 영유아들에게는 정서적 안정을 도와주는 환
경이 아주 중요합니다. 따뜻한 부모의 목소리와 표정, 스킨
십 등은 영유아의 마음을 안정시키면서 정서적 발달을 촉진
합니다. 반면에 스트레스를 느끼게 하거나 부모가 냉담하게
대하면 아이의 뇌에서는 스트레스 호르몬이 방출되면서 뇌
가 제대로 작동하지 못할 수도 있습니다.

따라서 아이의 뇌발달을 원한다면 안정적인 환경을 마련한
뒤 신뢰감을 바탕으로 오감을 자극할 수 있는 놀이를 제공
해 주는 것이 무엇보다 중요합니다.

뇌발달의 결정적 시기는 있다

• 뇌세포 간의 연결회로망인 시냅스를 가장 활발하게 만드는 결정적 시기는 영아기, 유아기, 아동기, 청소년기 초반까지 계속해서 이어집니다.

• 생애 초기에 중요한 환경 자극, 즉 언어 및 정서적 교감을 하지 못하면 평생 대인관계에 적응하지 못할 가능성이 큽니다.

• 인지, 정서, 행동, 언어 등의 발달은 영역별로 결정적 시기가 다릅니다.

뇌발달을 이끄는 메커니즘은 반복이다

• 뇌세포의 연결회로망인 시냅스는 반복학습에 의해 더욱 강력하게 형성됩니다.

• 반복하지 않는 자극과 정보에 대한 시냅스는 만들어지지 않습니다.

• 일단 형성된 시냅스라 해도 계속해서 사용하지 않으면 사라집니다.

• 자극이나 정보가 제공되지 않고 외부 환경과 차단된 뇌세포는 그 기능이 약해지다가 나중에는 사라지기도 합니다.

Part 2

엄마의 태도가
아이의 기분을 만드는
2·2·2육아법

Chapter 1

0~127개월 :
표현하지 않을 뿐
아이는 모든 것을 알고 있다

폭발적 성장기

1.5킬로그램에 담긴 의미

아기의 뇌는 2세가 될 때까지 '폭발적'이라는 말로 표현할 수밖에 없을 정도로 급성장합니다. 인간이 태어나서 죽을 때까지의 모든 시간을 통틀어 비교해 보았을 때 이 시기만큼 빠르게 뇌가 발달하고 성장하는 시간은 없다고 말할 수 있겠습니다. 그렇다면 뇌가 발달하고 성장한다는 말의 의미는 무엇일까요? 무게가 많이 나가게 되었다는 말일까요, 아니면 키가 커지듯이 뇌가 커진다는 말일까요? 지금부터 뇌의 성장에 대해 좀 더 자세히 알아보도록 하겠습니다.

뇌의 용량은 무한대!

인간이 세상의 각종 정보를 받아들이고 기억하고 제대로 문제를 해결하는 기관은 무엇일까요? 바로 뇌입니다. 이렇게 하는 일이 많은 뇌이니 우리 신체에서 차지하는 무게도 만만치 않을 것 같지만, 예상과 달리 다 자란 어른 뇌의 무게도 대략 1.4킬로그램 정도밖에 되지 않습니다.

하지만 뇌를 구성하는 뇌세포의 수는 약 2,000억 개나 됩니다. 그리고 뇌세포 하나하나마다 평균적으로 1만 개 정도의 가지 즉, 시냅스를 만들어낼 수 있습니다. 뇌세포 하나에서 뻗어 나온 가지가 다른 뇌세포와 연결되어 1만 개나 되는 연결 회로망을 형성할 수 있다는 말이지요. 대충 계산해 봐도 신생아의 뇌세포 전체가 가질 연결회로망, 즉 시냅스는 약 125조 개 이상일 것입니다.

세계적인 과학전문지인 《뉴런Neuron》에 스탠포드대학 뇌과학 연구팀의 흥미로운 연구 결과에 관한 기사가 실렸는데요. 그들의 연구에 따르면, 건강한 인간의 125조 개의 시냅스를 형성할 수 있는 2,000억 개의 신경세포 각각은 컴퓨터 한 대의 중앙연산처리 장치, 일명 CPU와 같다고 합니다. 이는 1.4킬로그램밖에 안 나가는 작은 뇌에 셀 수도 없을 정도로 많은 컴퓨터가 들어가 있다는 의미입니다.

갓 태어난 아기의 뇌의 무게는 고작 350그램 정도밖에 되지 않습니다. 그리고 뇌세포와 뇌세포를 연결하는 시냅스 역시 뇌세포의 15~17퍼센트 정도만 형성되어 있지요. 이 상태에서 아기가 엄마의 목소리, 보드라운 엄마의 촉감, 그리고 먹게 되는 젖의 냄새와 맛 등의 오감 자극을 경험하면서 뇌세포의 연결회로망, 즉 시냅스는 점점 증가하게 됩니다. 생후 3년 정도가 되면 뇌의 무게는 1,000그램까지 자라게 되지요. 이와 같은 뇌의 무게 변화는 뇌세포 수가 아니라 시냅스가 증가함으로써 폭발적으로 늘어나는 것입니다.

아기가 태어나서 신생아기, 영유아기, 아동기를 거치는 과정 중에 나타나는 시냅스의 증가에 대하여 꾸준히 연구해 온 소아신경과 의사이자 UCLA 의과대학 교수인 해리 추가니 Harry Chugani 박사는 이러한 과정을 상세하게 밝혀냈습니다. 다음 그림이 바로 그 연구 결과입니다.

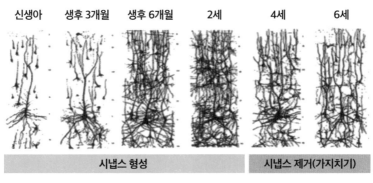

영유아의 시냅스 증가

신생아의 뇌 그림을 살펴보면, 뇌세포 간의 연결회로망, 즉 시냅스가 형성되어 있지 않습니다. 생후 3개월 정도의 시간이 지나면 드디어 뇌세포의 연결이 이루어지면서 시냅스가 만들어집니다. 이러한 시냅스들은 서로 정보신호를 주고 받는 통로가 되는 것이지요. 생후 2세 정도가 되면 유아는 더 많은 경험과 자극, 정보를 접하게 되겠지요. 이때 더욱 복잡한 시냅스 연결망이 만들어지면서 뇌의 무게도 폭발적으로 증가하게 됩니다.

아기는 자신에게 필요로 하는 것이 있을 때 오직 울거나 칭얼거리거나 혹은 옹알거리는 소리를 내는 행동으로만 표현할 수 있습니다. 겉으로만 볼 때 아기는 아무것도 할 수 없고, 아무것도 학습할 수 없으며, 아무것도 기억할 수 없는 것처럼 보일 수 있지요. 그러나 이것은 어른들의 착각입니다. 아기는 매 순간 듣고, 느끼고, 받아들이고 있습니다. 그리고 그 경험을 고스란히 시냅스로 만들고 있고요. 눈으로 보이지는 않지만 아기의 뇌는 아무도 모르게 쑥쑥 성장하고 있습니다.

전기와 미엘린네이션

어느 날 초등학생들에게 뇌에 관한 설명을 한 적이 있었어요. 아이들에게 뇌 사진을 보여줬더니 징그럽다고 소리를 지르기도 하고, 자신의 머리를 이리저리 만져보기도 했습니다. 뇌가 손상되면 어떤 문제가 생기는지에 대해서 설명하는 중에 한 아이가 눈을 반짝이며 손을 번쩍 들고 질문을 했습니다. "선생님, 진짜 뇌세포에서 다른 뇌세포로 정보가 전달되나요? 그냥 가만히 있어도 전달이 되는 거예요? 뇌를 흔들거나 움직여야 하는 건 아니고요?"

정말 똑똑한 질문이지요. 아이는 우리가 아무것도 안 하고 가만히 있어도 하나의 뇌세포가 다른 뇌세포로 정보를 보내는 것인지, 아니면 움직이거나 뛰면서 무언가를 해야 정보가 전달되는 것인지 물은 것입니다.

뇌세포와 뇌세포 간의 연결망을 시냅스라고 부른다고 설명드렸는데요. 하나의 뇌세포에서 다른 뇌세포로 정보가 전달될 때는 바로 이 시냅스를 통과하게 됩니다. 어떻게 보면 뇌세포가 정보를 전달하는 통로라고 말할 수 있겠네요. 그렇다면 정보는 어떻게 시냅스를 통과해 다음 뇌 세포로 전달되는 것일까요?

정보가 시냅스를 통과하는 데에는 두 가지의 중요한 기제가 작동해야 합니다. 첫 번째는 전기의 힘입니다. 지하철이 전기를 동력으로 삼아 선로를 따라 움직이듯이 하나의 뇌세포에서 다른 뇌세포로 정보를 전달할 때도 전기가 필요합니다. 인간의 뇌에는 항상 약한 전력이 흐르고 있습니다. 우리의 뇌세포들이 전기의 힘으로 움직인다는 증거이지요. 믿기 어려우시다고요? 만약 우리 뇌의 전력을 감지하는 장치를 개발할 수 있다면 당장 보여드려서 증명해 낼 수 있을 것입니다. 간접적인 방법으로 이를 알 수 있는 것이 뇌에서 나오는 뇌파라는 것입니다. 뇌파는 뇌가 활성화되면서 발생하게 되는 일종의 파장인데 이러한 파장이 발생하는 것을 보면 전류가 흐르고 있다고 유추할 수 있겠네요. 복잡한 사고 기능을 하거나 뇌가 활성화되면 그만큼 전력이 많이 흐르게 됩니다.

두 번째는 뇌세포 하나에서 만들어지는 수초 혹은 미엘린myelin이라고 부르는 물질이 필요합니다. 뇌세포가 어떻게 생겼는지 그림으로 한번 살펴볼까요.

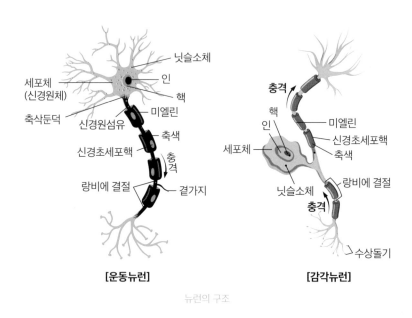

뉴런의 구조

　그림을 보시면 맨 왼쪽에 별 모양으로 되어 있는 세포체 안에 있는 세포핵에 정보가 들어 있습니다. 정보가 전달될 때는 세포체에서부터 출발해서 줄기처럼 길게 뻗어 있는 축색axon을 따라 끝부분까지 이동하게 됩니다. 줄기의 끝부분에 해당하는 것을 축색종말이라고 부릅니다. 축색종말은 다른 뇌세포의 머리, 즉 세포체와 연결되어 있습니다. 이 연결되는 지점의 공간을 시냅스라고 하고요. 더 정확하게 말씀드리면, 축색종말은 뇌세포 위쪽 별 모양처럼 보이는 수상돌기와 연결되어 있습니다. 이 축색종말에서 수상돌기로, 수상돌기에서 다시 축색종말로 정보가 계속해서 움직이고 전달하게 되는데 이것을 움직이는 힘이 바로 전기인 것이고요.

위의 뇌세포 그림에서 길게 줄기처럼 보이는 부분을 자세히 봐주시겠어요. 줄기를 둘러싸고 여러 개의 작은 소시지가 연결되어 있는 것처럼 보이지요. 축색은 이 소시지처럼 생긴 것 안에 위치하고 있습니다. 아기가 엄마 배 속에서 세상으로 나올 때에는 수상돌기와 축색만 갖추고 있는데요. 소시지처럼 생긴 것은 태어난 이후에 아기가 젖을 먹고 음식물을 섭취하면서 점차 만들어집니다. 이것은 지방과 단백질로 구성되어 있는데, 영유아기를 거치면서 소시지 모양의 물질이 점차 커지게 되지요. 이것을 수초 혹은 미엘린이라고 부릅니다.

수초는 두 가지 역할을 담당합니다. 첫째는 수초가 감싸고 있는 축색을 전기의 힘으로부터 보호하고, 둘째는 뇌세포 간의 정보 전달 속도를 높여주는 것입니다. 정보를 전달하기 위해서 수상돌기에서 축색을 지나 축색종말까지 전달되는데요. 이렇게 전달되는 동안 축색에는 끊임없이 전기가 흐르게 됩니다. 정보가 움직여야 하니까요. 이렇게 되면 축색이 손상을 입을 수도 있습니다. 전기에 계속 노출되면서 나타날 수 있는 현상이지요. 그런데 수초가 만들어지면서 축색을 감싸게 되고 이러한 손상을 방지해 줍니다.

또한 뇌세포의 정보를 빠르게 전달시키는 기능도 담당하는데요. 수초가 만들어지면서 정보는 축색을 따라 움직이지 않고 소시지 모양을 따라 성큼성큼 도약하면서 정보가 전달됩니다. 그러면서 아기도 점차 자극에 대해 빠르게 반응하게 됩니다.

수초가 만들어지는 과정을 수초화myelination (미엘린네이션)라고 부르는데 수초화가 일어나지 않으면 뇌발달은 불가능할 수도 있습니다. 수초가 만들어지면서 축색이 보호되고 뇌세포 간의 정보 전달 속도가 빨라지고, 뇌세포의 연결망인 시냅스가 더욱 빠른 속도로 만들어지게 되게 되거든요. 수초화가 없다면 인간의 뇌는 결정적 시기를 맞이하지 못하고 평생을 살아갈지도 모르는 일입니다.

오감이
눈을 뜨기 시작한다

준비되어 있지만
아직은 스스로 할 수 없어요

평소 가깝게 지내던 분이 조심스럽게 부탁을 해오셨습니다. 친한 동생의 아기에게 문제가 있는 것 같은데 한번 살펴봐줄 수 있겠냐는 것이었습니다. 아기는 생후 12개월이 넘었지만 사람을 잘 쳐다보지도 않고 눈을 마주치거나 옹알이도 없었으며 사람 자체에 관심이 없어 보였습니다. 무엇보다 연령에 따른 발달적 특징에 비추어 보았을 때 연령에 비해 신체발달 수준이 상당히 뒤처진 상황이었습니다. 12개월 정도의 유아는 혼자서 일어서거나 걸을 수 있어야 하는데도 불구하고 이 아기는 엄마의 도움으로 겨우 앉아 있는 수준이었습니다.

　골격이나 겉모습만 봤을 때 문제가 있어 보이지는 않았지만, 일단 의학적인 진단을 받는 것이 급선무인 듯해서 소아전문병원을 추천해 주면서 아기 엄마에게 이런저런 질문을 건넸습니다.

　길게 이야기를 나누지는 못했지만 현재 아기의 상태에 무엇이 영향을 주었는지 짐작이 가는 부분이 있었습니다. 맞벌이였던 아이 부모는 아이가 태어난 직후 직장 문제와 집안 문제 등으로 무척 힘든 시간을 보냈습니다. 낮 시간 동안 아기를 돌봐줄 사람을 찾을 수 없어서 이 집 저 집 아기를 맡겼다가 찾아오곤 했죠. 아기에게 못할 짓을 하는 것 같아 죄책감을 느끼기도 했지만 어쩔 수 없는 상황이었습니다. 게다가 당장 해결해야 하는 돈 문제가 생기면서 부부에게는 아기를 살뜰히 돌볼 마음의 여유가 더 없었던 것입니다.

　다행히 아기는 별 투정 없이 때에 맞게 분유만 먹이면 순하게 누워 있었다고 합니다. 그렇게 12개월 정도 되었을 무렵, 또래의 다른 아기들을 보면 몇 발자국 걷지 못해도 걸어보려고 애쓰고 무엇인가를 탐색하는 행동을 보였는데 자신의 아기는 전혀 일어서려고도 하지 않고 사람이나 주변에 대해서 전혀 관심도 보이지 않는다는 걸 깨달았고 그제야 '어, 우리 아기와 다른데…'라는 생각이 들었던 부부는 급한 마음에 친한 분들에게 도움을 청했던 것입니다.

　병원에서 이런저런 진단을 받아본 결과 다행히 아기에게는 별 문제가 없는 것으로 나타났습니다. 다만 아기가 지금 성장 중에 있는 만큼 부모가 시간을 내서 아기와 함께 놀아주고 시간을 보내는 노력이 필요하다는 조언을 들었다고 합니다.

순한 아기도 자극이 필요하다

사람마다 얼굴 생김새가 다르듯 성격이나 특성도 다릅니다. 그 중 특히 다른 점으로 기질temperament이 있는데요. 아이들은 각각 다른 기질을 갖고 태어난답니다. 어떤 사람은 바깥세상에 관심이 많고, 어떤 사람은 오로지 자신의 감정이나 생각에만 관심을 둘 수 있지요. 어떤 사람은 규칙적이고 반복적인 것을 좋아하지만 어떤 사람은 새롭고 자극적인 것을 좋아할 수도 있고요. 이처럼 사람마다 다르게 가지고 태어나는 타고난 기질이 있습니다.

기질은 가지고 태어나는 만큼 아무래도 유전의 영향을 많이 받겠지요. 기질을 연구하는 학자들은 아기의 기질을 크게 세 가지로 구분을 했는데 순한 아이easy child, 까다로운 아이difficult child, 늦되는 아이slow to warm up child입니다. 엄마들은 아마도 공감하시지 않을까요.

앞에서 사례로 든 아기는 순한 기질을 타고난 듯하지요. 그래서 칭얼거리거나 보채지도 않은 채 12개월을 얌전하게 행동했을 것이고요.

그런데 이 시기 아기의 오감을 담당하는 뇌 영역은 가히 폭발적이라고 할 만큼 하루가 다르게 성장합니다. 발달할 준비가 완벽히 갖춰져 있는 아기의 뇌를 위해 부모가 이런저런 자극과 경험을 반드시 제공해 줘야 하는 시기라고 말할 수 있습니다. 그러나 앞선 사례의 아기와 같은 경우, 부모님이 여러 가지 사정상 복잡한 문제에 온

신경이 집중되어 있어서 아기의 뇌에서 일어나고 있는 엄청난 변화를 눈치 채지 못했던 것이지요.

생후 1년 사이에 오감을 담당하는 뇌는 발달할 준비를 완벽하게 갖추고 있습니다. 하지만 스스로는 절대 발달하지 못하지요. 아기가 자신의 뇌발달을 위해 스스로 다양한 놀이를 하고 밖에 나가서 이런저런 체험을 하지는 못하니까요. 이런 역할은 부모님 혹은 양육자가 담당하셔야 하는 것이고요. 준비를 잘 갖추고 있는 아기의 뇌가 폭발적으로 성장할 수 있도록 자극하고 경험을 제공해 주는 것은 정말 중요하답니다.

우리 아이는 어떤 기질일까?

'우리 아이는 어떤 기질을 가지고 태어났을까?' 아마 이런 궁금증을 가져본 적이 있으실 겁니다. 이러한 물음에 대한 답은 미국의 심리학자인 체스Chess, 토머스Thomas, 버치Birch가 수행한 연구에서 얻을 수 있습니다. 이들은 평소에 움직임과 관련 있는 활동성, 사람이나 물건에 대한 회피성 혹은 접근성의 여부, 환경에 대한 적응력, 기분 등을 고려해 다음과 같은 세 가지의 기질 유형을 밝혀냈습니다.

1. 순한 아이

- 신체적 움직임이 자연스럽고 별문제 없이 활발히 움직인다.
- 잠이 쉽게 드는 편이며 음식도 가리지 않고 잘 먹는다.
- 대체로 기분이 좋아 보이고 잘 웃는다.
- 낯선 사람을 보거나 낯선 환경에서도 어려움 없이

잘 적응한다.

• 순한 기질을 가졌지만 열악한 환경에 처하거나 스트레스를 많이 받으면 문제행동을 일으킬 수 있다,
• 약 40퍼센트의 아이들이 순한 아이의 범주에 속한다.

2. 까다로운 아이

• 쉽게 잠들지 못하고 수면 시간도 불규칙적이다.
• 편식이 심하고 굶었다가 소나기밥을 먹을 때가 많다.
• 대체로 짜증이 나 있거나 칭얼대면서 자신의 의사표현을 할 때가 많다.
• 낯을 많이 가리며 익숙하지 않은 장소에서는 양육자에게서 떨어지지 않으려고 한다.
• 환경이 바뀌면 적응하는 데 시간이 오래 걸린다.
• 부모가 강압적으로 아이의 태도를 변화시키거나 적응시키려 하면, 부모에 대한 불신이 생기면서 부모와 자녀의 관계가 악화될 수 있다.

• 약 10퍼센트 정도의 아이들이 이 범주에 속한다.

3. 늦되는 아이

• 신체적 움직임은 순한 아이와 비슷한 양상을 보인다.
• 평소에 잘 웃고 밝게 행동하지만 자신의 기분을 쉽게 표현하거나 드러내지는 않는다. 친해지거나 편한 상태가 되면 긍정적인 표현을 잘한다.
• 순한 아이와 비슷한 기질을 보이기도 하지만, 순한 아이와 비교했을 때 가장 큰 차이는 새로운 환경에서의 적응이다. 낯선 사람이나 낯선 환경을 만나게 되면 기가 죽어 있거나 움츠러들며 적응하는 데 시간이 오래 걸리는 편이다.
• 적응을 할 때까지 부모가 조급하게 야단을 치거나 재촉하면 더 움츠러들고 거부하는 행동을 보인다.
• 약 15퍼센트 정도의 아이들이 이 범주에 속한다.

1년의 기적

생후 2세까지의 뇌발달 속도는 인생 전체를 놓고 봤을 때 가장 빠르게 나타납니다. 좀 더 정확하게 표현하면 뇌세포 간의 연결이 되는 시냅스가 일생 중 가장 빠른 속도로 그리고 가장 많이 만들어지는 시기라고 할 수 있습니다.

뇌발달 시간표

다음 그래프는 아기가 엄마 배 속에서 나와 7세가 될 때까지의 뇌 영역별 발달 시간표를 나타낸 것입니다. 시각, 언어, 정서, 논리 등 대부분의 영역이 출생 후 약 3세 무렵까지 꾸준히 발달하는 모습이 보이지요. 이때 신체와 관련된 뇌발달도 함께 진행되는데 다른

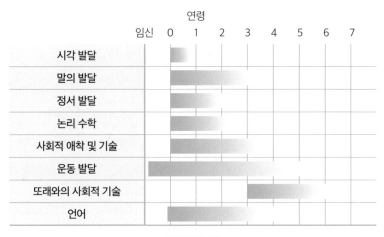

뇌발달의 단계

영역보다 더 오랜 시기에 걸쳐 발달한답니다.

이 시기의 아기의 뇌는 다양한 경험을 받으며 무럭무럭 성장하게 됩니다. 아기가 보고, 듣고, 만지고, 냄새를 맡고, 맛을 보는 것과 같은 모든 행위들은 시냅스 형성에 기여하지요. 거기에 불안이나 두려움 없이 위협적이지 않고 편안하며 안정적인 정서적 환경도 중요하고요.

최근 UCLA 의과대학 신경생리학자인 앤드류 토가Andrew Toga 박사는 뇌 촬영 방법을 활용해 출생 후 성인이 될 때까지 인간 뇌가 발달해 가는 과정을 보여주었는데요. 다음의 그림이 바로 그 과정입니다.

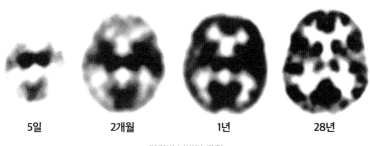

| 5일 | 2개월 | 1년 | 28년 |

연령별 뇌발달 과정

토가 박사가 보여준 인간 뇌의 변화 과정에서 까맣게 보이는 부분이 바로 시냅스에 해당합니다. 시냅스가 증가하는 변화를 포함하여 뇌의 발달 양상은 생후 2개월에서 1년 사이에 가장 뚜렷하게 보이지요. 즉, 생후 1년까지가 뇌의 가장 큰 변화와 발달을 경험할 수 있는 이른바 뇌가 열리는 시기입니다. 이 시기의 모든 활동과 경험은 아기의 뇌에 그대로 전달이 됩니다. 기어 다니기, 몸 뒤집기, 스킨십 등의 신체 정보, 엄마의 목소리를 비롯한 각종 청각 정보, 이런저런 사물과 사람을 만져보면서 느끼는 촉각 정보 등이 모두 아기의 뇌로 고스란히 전달되는 것입니다.

더욱이 이 시기는 신체발달과 관련되어 있는 두정엽의 운동피질이 활발하게 발달하는 시기이기도 합니다. 당연히 이 시기에 아기에게 다양한 신체적 경험과 활동을 더 많이 해보는 것이 뇌 발달에 도움이 되겠지요.

기질적으로 순한 아기는 자신이 원하는 바를 잘 드러내지 않습니다. 그저 양육자가 주는 대로, 움직여주는 대로, 안아 주는 대로 순응하면서 잘 먹고 잘 자고 잘 놀지요. 그러므로 부모님이 먼저 아기의 뇌발달을 위해서 여러 자극과 경험을 적극적으로 제공해 주려는 노력이 필요합니다. 부모님을 귀찮게 하지 않고 요구도 별로 없는 순한 아기일수록 조금 피곤하더라도 다양한 경험과 활동을 의도적으로 제공해야 하는 것이지요.

앞에서 말씀드렸던 순한 기질의 아기는 현재까지 아무 문제 없이 잘 성장하고 있습니다. 뒤늦게 상황을 파악한 부모의 노력으로 아기는 빠른 속도로 회복되었고, 여전히 순한 행동과 모습으로 세상을 경험하고 있습니다.

아기들이 태어나서 첫돌을 맞이할 때까지의 과정을 보면 누군가의 도움 없이는 한순간도 살 수 없는 매우 연약한 상태입니다. 아기는 울음이나 칭얼거림, 옹알이 정도로 자신의 의사표시를 할 수 있을 뿐이며, 몸을 자유자재로 움직여 활동하기도 어렵고 말이지요.

그러나 이런 상태에서도 첫돌까지의 아기 뇌는 깜짝 놀랄 정도의 엄청난 속도로 발달하는 것을 볼 수 있습니다. 아기가 엄마 배 속에 있을 때는 감각기관, 즉 눈, 코, 입, 귀, 피부 등에 전달되는 자극이 극히 미미하지요. 엄마의 배 바깥쪽에서 들리는 소리도 막이 가로막고 있기 때문에 울림 정도로 느껴질 것이고, 엄마가 섭취하는 음식을 탯줄을 통해서 공급받다 보니 아무래도 맛도 그대로 느껴지지 않을 것이고요. 그러나 세상으로 태어나면서부터는 감당할 수 없을 정도의 온갖 자극들에 둘러싸이게 되고 이러한 과정 속에서 뇌발달이 이루어지는 것입니다. 이제 아기의 감각기관별 뇌발달의 특징을 알아보도록 하겠습니다.

뿌연 안개 속의 얼굴

인간에게 전달되는 정보와 자극의 많은 부분은 시각과 관련되어 있습니다. 인간은 시각을 통해 많은 정보를 받아들인다고 해도 과언이 아닙니다. 그러나 시각을 담당하는 뇌 영역은 늦게까지 천천히 발달합니다. 출생 시에는 시각적인 자극을 받아들이고 인식하는 대뇌피질, 즉 후두엽의 시냅스가 제대로 발달하지 않아 물체를 바라보는 눈의 크기도 작고 망막구조와 시신경도 덜 발달해 있습니다. 그래서 물체에 초점을 맞춰 바라보기가 어렵고 실제로 아기의 눈으로 보았을 때 세상은 뿌옇게 보이는 정도일 뿐이지요.

그러다가 생후 1개월경부터 서서히 후두엽의 시냅스가 발달하게 됩니다. 이 시기에도 완전한 시력을 갖추지는 못하지만 친근한 대상, 즉 엄마와 가족들을 응시할 수 있게 되지요. 특히 아기들은 다른 어떤 사물보다 사람의 얼굴을 바라보는 걸 좋아합니다. 누워 있는 아기가 얼굴을 향해 무엇인가 말할 것처럼 입을 오물거리고 있는 모습을 보신 적이 있을 겁니다. 아기가 엄마의 얼굴을 바라보고 반응을 보임으로써 엄마의 모성애를 자극하는 걸 보면 이런 행위가 생존을 위해 진화적으로 형성된 적응기제라고 말할 수 있겠네요.

엄마 목소리는 알아요

보는 것 못지않게 듣는 것도 정보를 받아들일 때 중요하지요. 인간이 언어를 갖기 위한 첫 번째 단계는 바로 부모님 혹은 양육자의 말소리를 듣는 것입니다. 청각 기능과 관련된 뇌의 발달은 시각기능과 비슷한 과정과 속도를 보입니다. 청각을 담당하는 측두엽의 시냅스는 생애 초기에 완성되지 않습니다. 오히려 시각피질보다 더 늦게까지 발달하는 경향이 있습니다. 그래서 신생아들은 높고 큰 소리에는 반응을 보이지만 작거나 낮은 소리는 잘 듣지 못하는 모습을 볼 수 있고요.

그렇다면 아기의 청각피질이 있는 측두엽 시냅스 형성을 촉진하고 발달에 기여하는 가장 좋은 방법은 무엇일까요? 바로 부모님과 같이 가장 가까운 양육자가 말을 많이 걸어주는 것입니다. 물론 생애 초기에 아기의 측두엽은 말을 인식하거나 이해하지 못합니다. 말의 의미나 뜻은 전혀 모르고 그저 친숙한 목소리인지 아닌지만을 구별하는 정도이지요.

발달심리학자들의 연구에 따르면 아기는 여성의 목소리를 더 좋아하고 소리 나는 방향으로 쳐다보고 빠르게 반응을 보인다고 합니다. 또한 외국어로 들려줄 때보다 모국어로 말을 걸 때 더 빨리 소리 나는 쪽을 바라보고 좋아한다고 하고요. 그래서 아기가 말을 알아듣지 못한다고 하더라도 부모님께서 계속 아기에게 말을 걸고 행동에 반응을 보이면 뇌에 청각 자극과 정보가 전달되면서 측두엽의 시냅스를 촉진하게 되는 것입니다.

실제로 언어발달과 관련된 많은 연구에서 엄마의 어휘 수와 아이의 어휘 수는 매우 깊은 관계가 있다는 결과가 나왔습니다. 대화를 많이 하고 수다스러운 엄마의 아이가 언어발달이 빨리 이뤄진다는 의미입니다.

냄새만으로 엄마를 찾을 수 있어요

인간이 가진 감각기관 중 가장 먼저 발달하고 빠른 발달을 보이는 것은 바로 후각입니다. 태어난 지 며칠 되지 않은 아기도 냄새를 구별할 수 있다고 하는데요. 신기한 실험을 한 가지 소개하도록 하겠습니다. 영유아의 발달을 연구하는 심리학자 맥팔레인MacFarlane은 모유수유를 하는 아기를 대상으로 태어난 지 며칠 만에 엄마 젖 냄새를 알아차리고 반응을 보이는지 살펴보았습니다. 그 결과 태어난 지 6일 정도 된 아기들도 아무것도 묻히지 않은 수건과 엄마 젖을 묻힌 수건을 구별하는 모습을 보였습니다. 두 수건을 아기 볼 양쪽에 두자 엄마 젖이 묻은 수건 쪽으로 고개를 돌리고 마치 젖을 빠는 것처럼 입을 오물거리는 반응을 보였던 것입니다. 정말 신기하지요!

엄마의 배 속에서부터 엄마 특유의 냄새에 익숙해 있던 아기는 눈이 제대로 보이지 않고 소리의 구별이 정확하지 않아도 엄마 냄새를 맡게 되면 냄새가 나는 쪽으로 얼굴을 돌리고 젖을 빨려고 입을 오물거리는 것이지요.

냄새가 나면 보통 눈과 눈 사이에 있는 후각세포가 자극되면서 이 자극 정보가 뇌의 변연계로 전달됩니다. 그래서 그 정보가 감정의 발생 장소인 편도체에도 도달하게 되고요. 보통 우리는 어떤 냄새를 맡게 되면 '아, 이건 지난번에 먹었던 맛있는 빵 냄새다.' 혹은 '웩! 이건 쓰레기 냄새잖아' 하며 과거의 기억도 동시에 떠올리게 됩니다. 물론 이 기억 속에는 감정도 함께 들어 있습니다. 맛있었던 음식에 대한 즐거움, 같이 먹었던 사람, 장소 등등이 냄새와 함께 떠오르면서 동시에 이 감정에 대한 기억이 남아 있는 전두엽이 활성화되는 것입니다.

아이에게 기억으로 남아 있는 대표적인 냄새는 바로 엄마 냄새이지요. 특히 엄마의 젖 냄새는 아기에게 배고픔을 채워주는 기쁨, 따뜻함, 안락함 등의 기억으로 자동 연결되어 있기 때문에 엄마가 나타나면 아기는 즉시 행복해합니다. 엄마의 냄새뿐만 아니라 엄마가 안아줄 때 느껴졌던 체취 역시 아기에게는 아기에게 따뜻하고 좋은 기억으로 남아 있게 됩니다.

나도 맛있는 음식을 좋아해요

아기의 미각은 엄마의 배 속에서부터 어느 정도 발달이 이뤄진다고 말할 수 있어요. 그래서 모유수유를 할 때 엄마가 어떤 음식을 먹었는가에 따라 아기의 반응이 달라지기도 하고요. 가령 엄마가 평소보다 약간 매콤한 음식을 먹고 모유수유를 하면 아기는 재채기를 하면서 얼굴을 찡그리거나 젖을 거부하기도 한답니다. 1세 후반기쯤 되면 미각을 담당하는 두정엽의 시냅스가 잘 형성되어 맛에 더 예민해집니다. 따라서 이 시기에는 다양한 식재료를 사용해 이유식을 제공하는 것이 뇌발달에 도움이 되지요. 어릴 때 다양한 음식과 맛에 대한 경험은 어른이 되어서도 이어지는 경향이 있습니다. 즉, 어릴 때부터 이런저런 맛과 음식을 가리지 않고 먹은 아이들은 어른이 되어서도 비슷한 모습을 보이지요.

엄마와의 스킨십이 너무 좋아요

아기의 촉각발달과 관련해서 매우 중요한 실험을 소개하도록 하겠습니다. 바로 해리 할로우Harry Harlow라는 심리학자의 원숭이 애착 실험인데요. 이 실험을 통해서 그는 인간의 촉각발달과 애착에 관한 중요한 이론을 만들어냈습니다. 아기 원숭이에게 젖병을 끼워 넣은 철사 원숭이 인형과 촉감이 좋은 털로 만들어진 원숭이 인형을 보여주었습니다. 그랬더니 흥미롭게도 아기 원숭이는 털로 만들어진 원숭이 인형에게 안긴 상태에서 고개만 삐죽 내밀고 철사 원숭이 인형의 젖병을 빠는 행동을 보였습니다. 배고픔을 채우기 위해 철사 원숭이의 젖병을 빨긴 했지만 따뜻하고 보드라운 털 원숭이에게 더 애착을 보인 거죠.

이 실험에서와 같이 동물에게 감촉과 신체 접촉은 매우 중요합니다. 그것은 인간도 마찬가지랍니다. 아기가 태어나자마자 엄마와 애착을 형성하는 것은 아닙니다. 이때 애착은 매우 가까운 관계에서 느끼게 되는 사랑과 친밀감과 같은 애정을 말하는데 아기는 태어나서 엄마와 계속해서 신체 접촉을 하면서 애착관계가 형성되는 것입니다. 애착 형성은 아기가 자라면서 대인관계를 맺을 때 많은 영향을 끼칩니다. 어릴 때 안정적이고 애정적인 애착관계를 형성하면 다른 사람들과도 비슷한 양상의 애착관계를 형성하지만, 어릴 때 불안정하고 애정적이지 않은 관계를 형성하면 어른이 되어서도 불안정한 관계를 형성할 수 있다고 합니다. 그러므로 아기와 첫 인간관계인 애착관계를 안정적으로 형성하고 확립하는 데 각별히 신경을 써야겠지요.

신생아에게 비교적 빨리 발달하는 감각기관은 촉각입니다. 신생아의 촉각을 담당하는 두정엽의 시냅스는 생애 초기에 빠르게 발달합니다. 그래서 양육자의 애정이 담긴 따뜻한 어루만짐, 스킨십은 피부를 통해 뇌로 자극이 전달되고 옥시토신을 분비하면서 행복감과 안정감을 느끼게 됩니다. 실제로 워싱턴 의대에서 기억능력이 좋은 아동들의 뇌를 관찰해 보니 단기기억장치인 해마의 시냅스가 잘 발달한 것으로 나타났습니다. 이런 아동들의 특징 중 하나가 어릴 때부터 부모님과의 스킨십이 많았다는 것인데요. 어릴 때부터 아기를 안아주고 쓰다듬고 어루만지면서 신체 접촉을 많이 하게 되면 아기의 뇌발달이 순조롭게 이뤄지게 됩니다.

눈물에 담긴
진짜 의미

신생아의 스트레스

영장류 이상의 동물을 고등동물이라고 하지요. 고등동물이라고 하는 이유는 뇌에 대뇌피질이라는 구조가 있기 때문입니다. 인간의 뇌는 가장 안쪽에 위치하고 있는 뇌간, 뇌간을 둘러싸고 있는 변연계, 그리고 가장 바깥 부분에 많은 부분을 차지하고 있는 대뇌피질로 구성되어 있는데 대뇌피질은 인지적 기능, 즉 사고, 판단, 기억 등과 관련된 역할을 합니다. 인간이 다른 동물들과 달리 똑똑한 이유는 대뇌피질의 양이 가장 많기 때문입니다.

그런데 대뇌피질은 아이가 어렸을 때 본능적인 욕구가 어느 정도 채워졌는가에 따라 건강하게 발달할 수도 있고 덜 발달될 수도 있습니다. 심지어 심각한 손상이 나타날 수도 있고요. 건강한 대뇌 피질이 어떻게 만들어지는지, 그리고 그 반대의 경우는 어떤 모습인 지에 대해서 살펴보도록 하겠습니다.

코티졸이 범인

우리 어른들이 스트레스를 받으면 보통 어떤 증상이 동반되는 지 한번 생각해 볼까요. 일단 승모근을 포함하여 어깨, 목 등이 뭉 치고 뻐근해지면서 두통도 생기고 소화도 잘 안되지요. 스트레스가 점점 심해지고 오래되면 기분에도 영향을 주고, 더 심해지면 기억 력이나 집중력에도 영향을 받게 됩니다. 아기에게도 스트레스는 부 정적인 영향을 미치는데 한창 성장 중이기 때문에 더 치명적일 수 있습니다.

스트레스는 정신적 고통, 괴로움, 부정적인 감정의 상태를 의미 합니다. 스트레스를 받으면 우리 몸에서 코티졸cortisol이라고 불리는 스트레스 호르몬이 분비되어 뇌를 비롯한 온몸에 돌아다니며 좋지 않은 영향을 주게 됩니다. 예를 한번 들어볼까요. 직장 상사로부터 질책을 받거나 오랫동안 사귀었던 연인과 헤어져 실연의 아픔으로 괴로워하고 있다고 해보지요. 이 사건들은 부정적인 감정을 느끼게 만들고 연쇄적으로 스트레스를 유발하여 스트레스 호르몬인 코티 졸을 만들어내게 됩니다. 그리고 코티졸은 뇌를 포함해 온몸에 전 달되고요. 뇌에 전달된 코티졸은 뇌기능을 마비시키거나 오류를 만 들어 평소와 다른 행동을 하게 만듭니다.

'아, 진짜 엄청 스트레스 받네'라고 생각이 들면 이를 해소하기 위해서 끝없이 먹어대는 사람이 있습니다. 코티졸이 시상하부의 포만 중추, 즉 배가 부르면 그만 먹으라는 신호를 보내는 영역을 마비시켜서 먹어도 먹어도 속이 허전하게 느껴지고 배는 엄청나게 가득 차 있음에도 불구하고 계속 먹을 것을 찾게 됩니다. 포만중추가 마비되면 아무리 배가 불러도 뇌에서 배가 부르다는 명령을 내리지 못해 계속 먹어대는 것이지요.

그렇다면 아기들도 스트레스를 느끼고 스트레스 때문에 힘들어할까요? 답은 당연하다입니다. 아기도 따뜻한 애정, 사랑을 받지 못하고 수면, 음식 등 생존과 관련된 욕구가 채워지지 않고 일관적인 돌봄을 받지 못했을 때 스트레스를 받게 됩니다. 기저귀가 젖었을 때, 배가 고플 때, 잠을 자고 싶을 때 등 아기들은 이런 것들을 스스로 해결할 수 없기 때문에 양육자가 채워주어야 하는 것입니다. 그렇지 않을 때 스트레스를 받게 되는 것이고요.

스트레스를 받은 아기의 뇌에서도 어른들과 마찬가지로 코티졸이 발생되어 뇌의 기능을 망가뜨리며 어른들과 마찬가지로 코티졸에 의한 질병이 생기기도 합니다. 사실 아기에게는 더욱 심각한 결과가 초래되는데 바로 뇌가 망가지는 것입니다. 좀 더 구체적으로 말하면 뇌세포 간의 연결 회로망인 시냅스의 형성을 방해합니다. 시냅스가 많이 만들어져야 똑똑한 뇌가 되는데, 스트레스 호르몬이 시냅스가 만들어지지 못하게 막는 것이지요.

실제로 갓 태어난 원숭이 새끼를 어미로부터 격리하여 최소한의 먹이와 물만 주었더니 어미의 따뜻한 품에서 지내며 충분한 영양과 생리적 욕구를 채운 원숭이의 뇌세포와 큰 차이를 보였습니다.

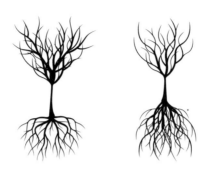

스트레스와 시냅스의 관계

위의 그림 중 오른쪽이 스트레스를 받은 원숭이의 뇌세포이고, 왼쪽이 스트레스를 받지 않은 원숭이의 뇌세포입니다. 스트레스를 받게 되면 이처럼 뇌세포 간의 연결망인 시냅스 형성 과정이 어려워집니다. 이러한 실험 결과를 통해서 우리는 영유아의 뇌발달을 위해서 충분한 애정과 본능적 욕구 충족이 필요하다는 것을 유추할 수 있습니다.

똑똑하게 키우고 싶다면

우리나라만큼 조기교육에 대한 관심과 열의가 대단한 나라도 별로 없을 것 같습니다. 심지어 아직 태어나지도 않은 태아를 향한 교육, 즉 태교에도 적극적입니다. 태교야말로 진정한 조기교육이라며 산모들이 수학 문제를 풀고 외국어 공부를 하는 경우도 보았습니다. 물론 태교가 아무런 교육적 가치가 없다고 말하려는 것은 아닙니다. 기분과 영양상태 등을 포함하여 아기를 가진 엄마가 처한 모든 환경이 배 속의 아기에게 그대로 전달되는 것도 사실이고요. 그러나 평소 안 하던 수학 공부와 외국어 공부를 하는 것이 똑똑한 아이를 낳는 데 얼마나 긍정적인 효과를 미칠지는 알 수 없습니다.

똑똑한 자녀를 갖고 싶어 하는 부모님들의 욕구 때문에 영유아 영재 프로그램이라고 불리는 영어, 한글 콘텐츠들이 엄청나게 쏟아져 나오고 있습니다. 과거에는 심지어 '애 봐주는 비디오, 애 가르치는 비디오'까지 있었습니다. 이런 영상물들이 아직 엄마라는 말도 하지 못하는 아기들에게 노출되고 있는 것이지요. 그러나 그 결과는 과연 어떨까요?

지나치면 독

발달심리학자인 앤더슨Anderson을 비롯한 많은 학자들은 매체가 아기에게 미치는 영향을 오랫동안 연구해 왔습니다. 그들은 약 30년 전부터 영유아기의 아기들을 대상으로 생애 초기 TV 시청을 했을 때 어떤 결과가 나타나고 그 후 삶의 모습이 어떻게 달라지는지 추적해 왔습니다.

연구 결과는 충격적이었습니다. 영유아기에 TV를 시청하는 시간이 하루에 한 시간 늘어날 때마다 학교에 들어가는 만 7세 정도의 나이가 되었을 때 주의력결핍장애Attention Deficit Disorder :ADD에 걸릴 위험이 10퍼센트씩 높아진다는 것입니다. 또한 어렸을 때 TV를 시청하는 시간이 많은 아이들은 언어지체와 언어장애가 나타날 확률이 두 배나 높았고, 청소년기와 청년기 때 범죄를 저지르는 경우가 많은 것으로 나타났습니다.

일본에서도 이와 비슷한 연구 결과가 나왔는데요. 가와사키 의과대학의 소아과 교수인 가타오카 나오키의 연구가 대표적입니다. 그의 연구 결과를 살펴보면, 영유아기 때부터 오랜 시간 동안 TV나 영상물을 반복적으로 본 아이들일수록 문제 행동 및 유사자폐증을 보인다는 것이었습니다. TV나 영상물을 볼 때 가족들이 말을 걸거나 대화를 나누면 유사자폐증 확률이 상당히 낮아지지만, 아기 혼자서 TV나 영상물을 시청하도록 내버려두면 문제가 더 심각해지는 것으로 나타났습니다. TV를 혼자 보는 시간이 길었던 아이들은 어떠한 자극을 주고 놀이를 해도 얼굴에 표정이 없었으며, 갑작스럽게 짜증을 내거나 사람들과 눈을 마주치지 않고 어울리지 않는 모습을 보였습니다. 언어발달에서도 또래보다 어휘 수가 적고, 대화는 물론 자신의 생각을 언어로 표현하는 경우가 거의 없었으며, 무의미한 말이나 소리를 반복적으로 내는 반향어 등의 언어장애를 보이기도 하였습니다. 이러한 증상들은 자폐증 혹은 유사자폐증이나 자폐 스펙트럼으로 볼 수 있습니다.

최근 일본 야마나시 대학교의 연구진에서도 비슷한 연구 결과를 발표했습니다. 유아 8만 4,000명을 대상으로 한 연구에서 과도한 영상 시청이 자폐와 관련된 문제를 일으킬 수 있다는 것입니다.

뇌가 가장 활발하게 발달하는 시기에 화면이 자주 바뀌고 시선을 끌 정도로 시각 자극과 청각 자극이 많은 영상물을 보여주면 뇌가 발달하는 데에 도움이 될 수도 있을 것 같은데 왜 이런 결과가 나타나는 것일까요?

첫 번째 이유는 TV나 영상물의 특징이 뇌에 별로 좋지 않은 영향을 미치기 때문입니다. TV와 영상물에서는 굉장히 빠른 속도로 엄청난 양의 말과 글들을 쏟아내지만 태어난 지 얼마 안 된 아기는 언어라는 복잡한 상징을 이해하지 못하기 때문에 현란한 장면들 속에서 쏟아지는 말과 글 등을 무의미하게 듣고 보게 됩니다. 우리가 알아듣지도 못하는 외국 영화나 TV 프로그램을 본다고 가정해 보지요. 정말 고역스러울 것입니다. 세상에 나온 지 얼마 안 된 아기는 이런 고역스러운 느낌조차 없겠지요. 그냥 무방비 상태로 온갖 자극들에 내던져진 것입니다.

두 번째 이유는 TV나 영상물이 갖고 있는 의사소통의 특징이 아기에게 별 도움이 되지 않기 때문입니다. 아기는 자신이 내는 옹알거림, 울음, 불분명한 소리에 대한 엄마의 반응을 통해서 사회성을 기르고 언어를 배우게 됩니다.

예를 들어 아기가 "어마마마"와 같은 소리를 내면 엄마는 "우리 아기, 지금 엄마라고 했어? 다시 해봐. 엄마"와 같은 반응을 보이게 됩니다. 이러한 반응이 별것 아니라고 생각할 수 있지만 아기는 엄마의 반응을 통해 상호교류의 의사소통을 배우게 되고 자신이 낸 무의미한 소리를 조금씩 의미를 파악하면서 '엄마'라는 말로 완성하게 됩니다. 그런데 TV는 어떤가요? TV를 보는 사람들을 관찰해 보면 멍하니 넋을 놓고 있지요. TV가 일방향 의사소통의 특징을 가지고 있기 때문입니다. 아기가 내는 소리에 TV는 어떠한 반응도 하지 않습니다. 아기는 TV에게서 어떠한 반응이나 의사소통을 기대할 수 없는 것이지요.

부모의 기분부터 관리하자

몇 해 전 특강 자리에서 만나게 된 분이 계십니다. 그분은 강의가 끝나고 제게 다가와 한참을 머뭇거리시다가 조심스럽게 질문을 하셨습니다. "저, 선생님… 사실 저는 아이를 키우는 것이 너무 힘들어요. 그래서 그냥 도망가버리고 싶을 때도 있고요. 저는 좋은 엄마가 아닌 것 같아요." 금방이라도 눈물이 쏟아질 것 같은 표정의 그분을 보며 아이를 키울 때 제가 느꼈던 버거움이 생각나서 그냥 지나칠 수 없었습니다. 그래서 따로 만나 저의 경험을 전해준 적이 있었습니다.

아기는 스스로 할 수 있는 것이 아무것도 없기 때문에 전적으로 부모님께서 아이를 돌봐야 하지요. 부모님만 쳐다보며 웃고 우는 아기를 바라보면 애정과 책임감을 느끼지만, 체력적으로나 정신적으로 소진되기도 합니다. 게다가 첫 번째 자녀를 키울 때에는 자녀 양육의 기술과 경험이 부족하여 더 힘들게 느껴질 수 있고요.

자녀를 키우면서 힘들고 스트레스를 느끼는 것은 너무도 당연하고 자연스러운 일입니다. 그런데 부모님께서는 '내가 부모인데, 이렇게 생각하면 안되는데…'라는 죄책감을 갖기도 하지요. 단언컨대, 자녀를 키울 때 힘들고 어렵고 스트레스를 받게 됩니다. 오죽하면 '양육 스트레스'라는 용어도 있겠어요.

최근 들어 육아가 유독 힘들고 의욕이 떨어지고 계심을 느끼시나요? 우리 부모님들께서 어느 정도의 양육 스트레스를 경험하고 계시는지, 한번 살펴보도록 하겠습니다.

양육 스트레스, 알아볼까요?

부모의 심신이 건강해야 자녀 양육도 잘할 수 있습니다. 부모의 건강 상태가 어떤가에 따라서 자녀를 대하는 반응과 행동이 달라지기 때문이지요. 그래서 부모 스스로가 현재 어떤 상태인지 정확하게 알고 계시는 것이 중요한데요. 미국의 심리학자인 리처드 아비딘Richard R. Abidin은 건강한 부모-자녀관계를 위하여 부모의 양육 스트레스를 파악하는 것이 중요함을 주장하며 양육 스트레스 검사를 개발하였습니다. 다음의 문항에 솔직한 생각을 표시해 봅시다.

문항	전혀 그렇지 않다	별로 그렇지 않다	보통 이다	대체로 그렇다	매우 그렇다
1. 나는 가끔 어떤 일을 잘 처리할 수 없다고 느낀다					
2. 자녀를 돌보기 위해 내 생활의 많은 부분을 포기하고 있다고 느낀다					
3. 나는 부모로서 책임감에 사로잡혀 있는 것 같다					
4. 자녀가 생긴 이후로 나는 새롭고 특별한 일을 할 수 없었다					
5. 자녀가 생긴 이후로 내가 하고 싶은 일을 거의 할 수 없다고 느낀다					
6. 내 생활에는 나를 괴롭히는 일들이 꽤 있다					
7. 나는 혼자이고 친구도 없다는 느낌이 든다					
8. 예전만큼 사람들에 대해 관심이 없다					
9. 예전만큼 일이 즐겁다고 느끼지 못한다					
10. 대체로 우리 아이는 나를 좋아하지 않고 나에게 가까이 오려하지 않는 것 같다					

11. 내가 우리 아이를 위해서 무언가를 했을 때 그런 노력이 크게 인정받지 못하는 것 같다				
12. 우리 아이는 또래 아이들에 비해 배우는 속도가 빠르지 않은 것 같다				
13. 내가 느끼기에 나는 좋은 부모는 아닌 것 같다				
14. 가끔씩 우리 아이는 나를 괴롭힐 목적으로 행동하는 것 같다				
15. 우리 아이는 다른 아이들보다 더 많이 보채는 것 같다				
16. 우리 아이는 대체로 잠에서 깨어나면 기분이 좋지 않다				
17. 우리 아이는 감정기복이 심해서 쉽게 화를 내는 것 같다				
18. 우리 아이는 가끔 나를 많이 속상하게 한다				
19. 우리 아이는 생각보다 키우기가 훨씬 어렵다고 느낀다				
20. 우리 아이는 다른 아이들보다 요구사항이 더 많은 것 같다				

※ 점수 산출 방법

1단계: 다음과 같이 채점해 봅니다.

전혀 그렇지 않다 = 1점

별로 그렇지 않다 = 2점

보통이다 = 3점

대체로 그렇다 = 4점

매우 그렇다 = 5점

2단계: 문항별 점수를 모두 합하여 총점을 계산하고 나의 상태를 점검하도록 합니다.

- 100~85점: 양육 스트레스를 매우 크게 느끼고 있는 상태입니다. 부모가 자신의 역할을 하면서 겪는 과정을 매우 힘들게 여기며 자녀와의 관계나 상호작용도 원활치 않아서 죄책감과 함께 강한 분노도 경험하고 계신 것 같습니다.
- 84~60점: 양육 스트레스를 갖고 있지만, 그래도 자신의 감정과 생각을 잘 다스리고 계시네요. 가끔 자녀 양육으로 인해서 신체적, 정신적인 피곤함을 경

험하지만, 어느 정도 자신만의 방법으로 극복하려고
노력하고 있을 것입니다.

- 59점 이하: 자녀를 키우는 과정 중에 시행착오와 어
려움을 겪기는 하지만, '시간이 지나면 좋아진다'는
생각으로 극복하고 있지 않은가요? 자녀의 행동이
가끔 지치지만, 양육 스트레스를 적절하게 해소하면
서 건강한 관계를 이어가는 것으로 보입니다.

나부터 행복해질 것

자녀를 키우다 보면 양육 스트레스를 어쩔 수 없이 겪게 되는데 이 경우에도 스트레스가 유발하는 부정적인 영향이 그대로 나타나게 됩니다. 먼저 신체적, 심리적인 어려움입니다. 스트레스는 스트레스 호르몬인 코티졸을 분비하게 만들어 근육의 긴장과 통증을 유발하게 됩니다. 뿐만 아니라 단기기억장치인 해마의 뇌세포를 약화시키고, 변연계에도 부정적인 영향을 미쳐서 우울감을 야기하거나 감정의 조절이 어려워질 수도 있습니다.

이러한 양육 스트레스는 양육 효능감도 낮게 만듭니다. 양육 효능감은 부모님이 스스로 자녀를 잘 키운다고 생각하는 마음, 즉 "난 좋은 엄마, 아빠야", "이 정도면 나는 우리 아이를 잘 키우고 있지"라는 양육과 관련한 자존감을 의미합니다. 양육 효능감이 높은 부모님은 부모 역할이 힘들어도 쉽게 좌절하지 않고 자녀와 갈등이 생겨도 따뜻하고 긍정적인 태도로 훈육하기 때문에 자녀와도 긍정적인 관계를 유지한다는 연구 결과도 찾아볼 수 있습니다.

양육 효능감과 양육 스트레스는 반비례 관계에 있습니다. 그러므로 양육을 잘 하기 위해서는 자기 자신을 중요하게 생각할 필요가 있습니다. 바쁘다고 해서 식사를 제대로 챙기지 않거나 대충 자녀가 남긴 음식으로 끼니를 때우면 점차 신체적으로 약해지고 이것이 스트레스의 원인이 될 수도 있습니다. 신체적으로 건강할 때 양육 스트레스도 낮아지게 되고 양육 효능감도 회복할 수 있습니다.

또한 잠깐이라도 뇌의 휴식을 취하실 수 있는 시간을 가지는 게 좋습니다. 뇌를 쉬어주는 시간은 뇌 건강과 밀접한 관련이 있고, 뇌 건강은 기분, 신체에 모두 영향을 줍니다. 워싱턴 대학교의 마커스 레이클Marcus Raichle 교수는 멍하게 있는 동안 뇌는 무의식적으로 과거의 기억을 정리하고 차분하게 기분을 만들어 미래에 좀 더 잘 행동할 수 있는 준비를 갖추도록 한다고 주장합니다. 또한 뇌가 휴식을 취할 때 휴식 작동 뇌Default Mode Nwtwork:DMN가 활성화되어 뇌에서 불필요한 정보를 제거하고 새로운 정보가 들어올 공간을 만든다고 합니다. 멍하니 있는 시간은 헛되이 흘려보내는 시간이 아니라 뇌의 쓰레기를 청소하는 시간인 것입니다. '멍' 시간은 하루에 1~5분 정도면 됩니다. 이때는 스마트폰은 물론이고 온갖 소음과 소리를 차단하고 홀로 느긋하게 시간을 보내는 것이 기분을 관리하는 데 도움이 됩니다.

양육 효능감을 높이는 3가지 방법

자녀를 키우는 과정에서 체력적으로, 심리적으로 소진을 경험하게 되면 마음과 달리 무력감에 빠질 수 있습니다. 그렇다면 양육 스트레스를 낮추고, 양육 효능감을 높이는 방법에는 어떤 것들이 있을까요?

1. 완벽하고자 하는 마음 멀리하기

현실적으로 육아는 실수가 발생할 수밖에 없습니다. 이때 "나는 무능한 엄마, 아빠인가 봐"라고 생각하면 건강한 양육을 하기 어렵습니다. 또한 완벽주의적 성향은 자신뿐만 아니라 자녀의 실수에도 관대하지 못하기 때문에 자녀가 불안해하거나 위축감을 느낄 수도 있습니다. '아이를 키우려면 완벽하게 해내야 해', '절대로 화내지 않는 부모가 되어야지', '아이가 하는 실수는 부모가 잘못해서야', '내가 이렇게 힘든 것은 자녀를 사랑하지 않기 때문이야' 같은 생각들은 비현실적이고 비논리적인 기준입니다. '이 정도면 잘 하고 있어', '나는 괜찮은 엄마, 아빠야'라고 스스로에게 용기를 주세요.

2. 재충전의 시간 갖기

아기의 뇌와 건강만 신경 쓰실 것이 아니라 부모의 뇌에도 휴식을 주시길 바랍니다. 뇌에 지속적인 스트레스와 심리적 압박을 주면 간단한 문제 해결이나 정서적인 안정에도 어려움을 느낄 수 있습니다. 그렇다고 해서 거창하고 비싼 취미활동을 의미하는 것은 아닙니다. 일주일에 한 시간이라도 부모님께서 자녀를 번갈아 양육하시고 잠깐의 휴식 시간을 주도록 해보시길 바랍니다. 좋아하는 차 한잔 마시고 오기, 공원 산책하기, 친한 친구와 통화하기와 같이 간단한 활동만으로도 뇌에 휴식을 주고 재충전이 될 수 있습니다. 재충전 시간에 집안일을 걱정하거나 죄책감도 느끼지 마시길 바랍니다.

3. 내 몸 챙기기

자녀의 영양 상태, 건강을 중요하게 생각하시면서 정작 자신의 건강은 뒷전인 경우가 많습니다. 그러나 자녀를 잘 양육하기 위해서는 부모 스스로 자신의 건강을 잘 챙겨야 합니다. 양육 스트레스가 높아지면 코티졸의 영향으로 면역체계도 약해집니다. 그렇게 되면 질병에도 쉽게 걸리고 기분도 우울해지게 되지요. 또한 감정은 가장 전염성이 강합니다. 한숨을 쉬거나 우울한 사람 곁에 있으면 주변 사람도 비슷한 감정을 겪게 되는 것을 쉽게 볼 수 있지요. 마찬가지로 부모가 힘들고 우울감을 느끼면 자녀에게도 영향을 주게 됩니다. 부모가 행복하고 건강할 때 자녀도 행복하고 건강하게 자랄 수 있다는 점을 꼭 기억하시길 바랍니다.

수면의 과학

사람은 왜 잠을 자는 것일까?

사람은 누구나 잠을 잡니다. 수면 시간의 차이가 있기는 합니다만 인간이라면 반드시 잠을 자야 하지요. 신생아를 보면 젖을 먹는 시간을 빼고 하루 종일 잠을 자는 것처럼 보입니다.

사람은 왜 잠을 자야 하는 것일까요? 수면에 대한 연구는 상당히 오래전부터 이어져 왔으며, 적절한 수면시간이 어느 정도인지에 대한 의견도 분분합니다. 이제까지 밝혀진 연구를 살펴보면, 가장 중요한 것은 우리가 잠을 자고 있는 동안에도 뇌는 계속 활동을 하고 있고 잠을 자는 동안에 이뤄지는 뇌의 활동이 건강한 뇌 상태를 유지하는 데 결정적인 역할을 한다는 점입니다.

그렇다면 아기는 왜 그렇게 잠을 많이 자는 것인지 궁금하실 겁니다. 신생아는 일반적으로는 13시간 이상, 많이 자는 아기는 20시간 정도를 자기도 합니다. 아기에게 잠이 어떤 의미를 갖는지 알아보기 전에 먼저 인간의 수면에 대하여 살펴보도록 하겠습니다.

잠은 집중력과 학습의 열쇠

인간의 수면에 대한 초기 연구 중 가장 과학적이고 획기적이었던 연구는 1955년, 클라이트먼Kleitman과 아제린스키Aserinsky라는 과학자가 실시한 실험이었습니다. 이들은 이른바 '수면 연구실'을 만들어 인간의 수면에 대한 연구를 수행했습니다.

수면 연구실은 연구실의 조용한 안쪽 구석에 있었습니다. 연구 대상자가 자신의 수면시간에 맞춰 잠을 자면 과학자들은 사람들의 잠자는 모습을 관찰하기 위해서 정작 자신들의 수면을 포기하면서 밤낮으로 연구를 했습니다. 이러한 노력 덕분에 지금까지도 수면 연구의 핵심 개념이 되고 있는 빠른 안구 운동Rapid Eye Movement:REM 수면을 발견하게 되었습니다. 렘수면이라고도 불리는 빠른 안구 운동은 잠을 자고 있는 사람의 눈동자가 빠르게 움직이고 때로는 갖가지 표정의 변화가 나타나기도 하는 수면을 말합니다. 렘수면의 특징은 역설적 수면이라는 것입니다. 역설적이라는 표현은 깊은 잠에 빠져 있기는 하지만 잠을 자는 상태는 아니라는 것을 설명하기 위해 쓰여졌습니다. 다시 말하면, 렘수면은 몸은 이완되어 있지만 뇌는 깨어 있을 때와 크게 다르지 않을 정도로 활발하게 움직이고 있는 상태를 말합니다.

인간의 수면을 연구하는 사람들은 렘수면 상태에서 눈동자를 활발하게 움직이고 있는 사람을 깨우면 꿈을 생생하게 기억하는 것을 발견하기도 했습니다. 즉, 렘수면 상태에서는 한창 꿈을 꾼다는 것을 알 수 있겠네요. 그렇다고 해서 잠을 자는 내내 렘수면의 상태에 있는 것은 아닙니다. 수면시간 동안 네다섯 번 정도 렘수면에 들어가며 한 번의 렘수면은 짧게는 20분, 길게는 1시간 정도 지속됩니다. 렘수면이 아닌 나머지는 얕은 수면상태입니다. 이 상태에서는 무슨 소리가 나면 잠에서 금방 깨어나기 때문에 '잠귀가 밝다'라고 표현하기도 하지요.

인간에게 렘수면은 아주 중요합니다. 렘수면 시간 동안 학습된 정보들을 뇌에 다시 정리하고 저장하기 때문입니다. 그래서 학습수면이라고 불리기도 합니다. 이렇게 잘 정리가 되어야 다음 날 새로운 자극과 정보를 수월하게 받아들이게 됩니다.

렘수면은 학습뿐만 아니라 집중력과 정서 상태에도 영향을 주는데요. 밤을 새고 나서 다음 날 책을 읽으면 무슨 내용인지, 어제 읽은 것인지, 오늘 읽은 것인지 구분이 제대로 안 됩니다. 이것은 바로 뇌가 렘수면을 통해 학습한 내용을 정리하는 과정을 거치지 않았기 때문에 일어나는 현상입니다. 이런 상태에서는 집중이 어렵고 정서적으로 불안한 상태가 계속됩니다.

뇌의 활동, 뇌파

뇌의 활동은 기본적으로 전기의 힘으로 이뤄집니다. 뇌에 자극이 오면 뇌의 신경세포들은 전기의 힘으로 정보를 전달하면서 뇌파Electroencephalogram : EEG를 만들어내게 되지요. 뇌파는 수백만 개의 뇌세포가 보여주는 활동이 합쳐진 파형으로, 과학자들은 뇌파의 변화를 통해 마음의 변화를 유추하기도 합니다. 뇌파는 크게 다섯 가지로 나뉘는데 델타δ파, 세타θ파, 알파α파, 베타β파, 감마γ파가 그것입니다.

우선 매우 느리고 불규칙한 델타파가 있습니다. 델타파는 잠을 잘 때 나타나서 수면파라고도 합니다. 세타파는 각성과 수면 사이를 반영합니다. 흔히 세타파가 우세할 때 사람들은 깊은 통찰력을 경험하기도 하고 창의적인 생각이나 문제해결력이 솟아나기도 합니다. 세타파는 유쾌하고 이완된 기분과 극단적인 각성과도 관련이 있고 동시에 어떤 일을 수행하겠다는 의지와 관련이 있는 뇌파입니다.

알파파는 기분, 감정이 안정적이고 평온한 상태일 때 나타나는 뇌파입니다. 베타파는 대체로 눈을 뜨고 생각하고 활동하는 동안 나타나는 뇌파로서 불안, 흥분과 관련된 정서 상태 또는 각성상태일 때 나타납니다. 생각이 많거나 걱정이 많을 때는 베타파가 두드러집니다. 감마χ파는 깊은 주의집중이 이뤄질 때 또는 자비심을 가질 때 나타나는 뇌파입니다.

아기가 잠든 사이

수면의 기능에 대해서 알아보았으니 이제 본격적으로 우리 아이들의 수면과 뇌발달에 대하여 살펴볼까요. 갓 태어난 신생아는 하루에 18시간 정도 잠을 자고, 생후 3개월 이후부터 차츰 수면시간이 줄어들기 시작합니다. 어린아이의 경우, 총 수면시간 중 80퍼센트가 렘수면에 해당한다고 합니다. 앞서 살펴본 바와 같이 하루에 13~20시간의 수면을 취하는 아기는 11~16시간이 렘수면 상태에 있다고 볼 수 있습니다.

수면시간의 중요성

엄마 배 속에서 한정된 자극을 받고 살던 아기는 세상 밖으로 나오면서 엄청난 양의 자극과 정보에 노출됩니다. 사람들의 말소리를 비롯한 온갖 소리, 감촉, 맛, 냄새 등을 듣고, 느끼고, 맡으며 뇌세포 간의 연결망인 시냅스가 튼튼하고 촘촘해집니다.

아기는 하루 종일 자고 있는 것 같지만 렘수면을 통해 이제까지 경험해 보지 못한 다양한 자극과 정보들을 하게 됩니다. 아기에게 잠이 중요한 이유는 한 가지 더 있는데요. 엄마 배 속에서 느꼈던 세상과 달리 너무도 빠르고 다양하며 강한 자극들을 경험하면서 아기의 뇌는 빠른 속도로 발달하게 됩니다. 그래서 아기의 뇌에는 그만큼 휴식의 시간, 즉 잠이 필요합니다.

최근 연구를 살펴보면, 잠은 단순히 쉬는 것이 아니라 인지기능이 발달하게 만드는 영양제와 같다는 것을 알 수 있습니다. 서울대 의대 환경보건센터 연구팀에서는 6세 아동 538명을 대상으로 수면 시간과 인지능력의 지표가 되는 IQ점수의 관계를 알아보았습니다. 흥미롭게도 수면시간이 많을수록 IQ점수가 높아지는 것으로 나타났습니다. 좀 더 구체적인 결과를 살펴보면, 하루 수면 시간이 8시간 이하인 아이는 10시간 이상 잠을 잔 아이보다 IQ 점수에서 10점이 낮았습니다. 몸의 근육을 발달시키기 위해 운동을 하면 상당한 피로감을 느끼게 되는 것처럼 전속력을 다해서 다양한 자극과 정보를 받아들이고 있는 아기의 뇌도 피곤한 상태가 됩니다. 잠은 이처럼 지치고 피곤한 아기의 뇌세포를 쉬게 해 다음 날 다시 새로운 자극과 정보를 받아들일 수 있도록 만들어줍니다. 또한 잠을 자는 동안 뇌에 불필요한 노폐물도 배출되는 효과가 있기 때문에 우리 아이의 건강한 뇌를 위해서 충분한 잠이 필요한 것이지요.

그런데 어느 정도 잠을 자야 충분한 것일까요? 인간의 수면을 연구하는 수면재단National Sleep Foundation에서는 아이들이 학교에 입학하기 전 시기까지는 10~13시간을 자야 한다고 명시하고 있습니다. 그러나 우리나라의 경우 7~8세 유아 중 86퍼센트 이상의 수면 시간이 9시간 미만이라고 하네요. 아이들이 충분히 수면할 수 있는 환경을 만들어주세요. 우리 아이들에게는 잠이 보약입니다.

수면 시계 맞춰주기

아이의 수면 리듬이 불규칙하여 고생하시는 부모님들을 종종 보게 됩니다. 한밤중에 깨어서 한참을 놀다가 새벽녘이 되어서 잠이 들면 부모님도 선잠을 자게 되고요. 어른들은 밤이 되면 잠을 자고 해가 뜨면 일어나는데, 언제쯤 아이들도 어른들과 같은 생체리듬을 갖게 될까요?

인간을 포함한 지구상의 모든 생물에게는 생체 시계가 있다는 사실 알고 계시는지요? 하버드 의대 연구진들은 2017년 생체 시계를 조절하는 '시계 유전자'를 발견하여 노벨의학상을 수상하였습니다. 인간의 경우 생체 시계에 따라서 일어나야 할 시간이 되면 눈이 떠지고, 자야 할 시간이 되면 졸음이 온다는 것입니다. 이러한 생체 시계는 우리의 눈을 통해 빛이 들어가면서 점점 규칙적으로 자리를 잡아가게 되는 것입니다. 이에 더하여 밤이 되면 노곤해지고 졸음이 오게 하는 수면 호르몬인 멜라토닌melatonin은 빛이 사라진 밤 시간에 분비되기 때문에 생체 시계에 더 잘 맞춰지게 만드는 것이지요. 멜라토닌은 빛과 소리에 민감한 호르몬인데요. 숙면을 취하게 해주고, 다음 날 집중력을 높여주고 기분을 안정적으로 만들어주기 때문에 정말 중요합니다.

태어난 지 얼마 안 된 아기는 아직 제대로 작동하지 못하는 생체 시계를 가지고 있습니다. 그래서 백일 전까지 아기들의 수면시간은 불규칙하고 들쑥날쑥합니다. 이런 미숙한 아기의 생체 시계는 어른들이 해가 뜨면 살살 깨워주고, 밤이 되면 토닥토닥 재워주면서 조금씩 자리 잡게 됩니다. 즉, 아기들의 생체 시계는 스스로 자리를 잡지 못하기 때문에 어른들이 맞춰줘야 하는 것입니다. 이러한 생체 시계는 만 2세가 될 때까지 만들어집니다. 이렇게 일단 만들어진 생체 시계는 일곱 살이 지나면 고치기가 어려워집니다. 그러므로 유아기에 어른들이 건강한 생체 시계를 만들어주도록 노력해야 합니다. 그러면 어떻게 해야 할까요?

가장 신경 써야 하는 것은 빛의 조절입니다. 앞서 말씀드렸던 것처럼 좌우 눈을 통해서 들어간 빛에 의해 생체 시계가 맞춰지기 때문에 자야 할 시간에는 빛을 차단하고 일어날 시간에는 빛을 들어오도록 해야 잠을 깨게 되는 것이지요. 그런데 우리 주변에 보면 햇빛과 같은 자연광 말고도 빛은 정말 많습니다. 조명, 텔레비전, 스마트폰 등에서도 많은 빛이 쏟아져 나옵니다. 이런 인위적인 빛도 눈에서는 자연광과 똑같이 받아들이기 때문에 잠을 자야 하는 시간에는 차단하는 것이 좋지요. 그래서 저녁 7시 정도가 되면 텔레비전, 스마트폰 모두 끄고 조용한 음악을 나지막이 틀어주면서 편안한 기분을 만들어주다가 졸음이 오는 것 같으면 어두운 상태로 만들어서 생체 시계가 잠자는 시간으로 인식하도록 만들어야 합니다. 수면 호르몬인 멜라토닌도 약간의 빛만 들어가도 분비가 되지 않는다는 점도 기억해 주세요. 그리고 아침에 되면 빛이 듬뿍 들어오게 하면 생체 시계는 일어나서 잠을 깨도록 맞춰집니다. 이러한 과정이 반복되면 아기의 생체 시계는 어른들과 비슷하게 맞춰져서 밤에는 잠을 자고 아침에 일어날 수 있게 되는 것이지요.

EQ의 발달,
이미 시작되었다!

일곱 개의 마음

정서라는 용어를 들어보신 적 있으실 것입니다. 정서란 무엇일까요? 정서에 대한 개념이나 의미에 대한 주장은 학자마다 약간씩 다르기는 합니다만, 대체로 신체적인 증상 혹은 생리적인 반응이 따라오는 감정 상태를 말합니다. 예를 들어 분노라는 정서를 느끼면 맥박이 빨라지고 혈압이 올라가는 증상이 나타나며, 기쁨이라는 정서를 느끼면 미소가 나타나는 행동 반응 등이 나타나게 되지요.

재미있는 사실은 인간은 태어나면서부터 이러한 정서를 가지고 있다는 것입니다. 물론 모든 정서를 다 가지고 태어나서 모든 정서를 느낄 수 있는 것은 아니지만, 태어난 지 얼마 되지 않은 아기도 분명 정서를 느낄 수 있다는 것입니다.

그렇다면 인간은 정서를 왜 느끼는 것일까요? 인간의 정서는 진화적으로 볼 때 생존과 관련이 있습니다. 스스로 할 수 있는 것이 전혀 없는 아기는 자신의 상태를 엄마에게 알려서 자신을 돌보도록 해야 하지요. 배가 고프거나 기저귀가 젖어 있어서 기분이 좋지 않을 때 짜증을 내며 울음을 터트립니다. 기분이 좋으면 엄마의 얼굴을 보면서 방긋방긋 미소를 짓고 말이지요. 이러한 행동과 반응들은 엄마로 하여금 아기를 더 잘 돌볼 수 있도록 하고요.

그렇다면 아기는 어느 정도의 정서를 느낄 수 있을까요? 어른들과 마찬가지로 죄책감, 질투, 서운함 등 복잡한 정서도 느낄 수 있을까요?

생존을 위해서

신생아와 영유아기 아기들의 정서에 관한 연구들을 살펴보면, 인간은 생존에 필요한 몇 가지 정서를 가지고 태어나며 정서를 표현할 수 있다고 하네요. 즉 인간은 선천적으로 가지고 태어나는 정서가 있으며, 그 정서를 태어난 지 얼마 되지 않은 시점부터 드러낸다는 것입니다. 더 재미있는 것은 국적과 상관없이 아기들의 얼굴에서 드러나는 정서를 살펴보면 동일한 정서를 표현한다고 합니다. 너무 신기하지요! 이를테면 우리나라에서 태어난 아기, 미국에서 태어난 아기, 아프리카에서 태어난 아기가 모두 동일한 정서를 동일한 표정으로 표현한다는 것인데요. 그래서 우리나라 사람이 미국 아기의 표정만 보고도 "기분이 좋은가 보네" 또는 "엄마가 안 보여서 슬픈가 보네"라고 감정을 유추할 수 있지요.

이처럼 가지고 태어나는 정서들을 기본 정서 혹은 일차 정서라고 합니다. 일차 정서에 포함되는 것은 행복, 분노, 놀람, 공포, 혐오, 슬픔, 기쁨입니다. 이 일곱 개의 정서는 태어날 때부터 느낄 수 있습니다.

그러나 신생아들은 뿌듯함, 죄책감, 서운함 등과 같은 복잡한 정서는 느끼지 못하고 그것이 어떤 정서인지도 모릅니다. 이와 같은 정서들은 여러 가지 정서가 뒤섞여야 생기는 복합 정서라고 볼 수 있는데요. 복합 정서는 보통 만 1세 이상이 되어야 어느 정도 느낄 수 있습니다. 만 1세가 지난 유아는 출근하는 엄마가 돌아오면 기쁘면서도 '나를 왜 두고 나갔어요?'와 같은 원망과 서운함의 정서를 동시에 느낄 수 있는 것이지요.

정서를 담당하는 뇌 영역은 가장 바깥쪽 대뇌피질보다 안쪽에 위치하고 있는 변연계입니다. 변연계는 포유류 이상의 동물이 가지고 있는 뇌의 기관으로 생존과 관련이 있습니다. 정서가 생존에 영향을 줄 수 있다니 궁금하시죠? 변연계에서 정서가 발생하면, 그 정서에 따라 외부 환경에 대응할 수 있는 준비 태세를 갖추게 하기 때문에 살아남을 가능성이 높아지는 것이지요. 이를테면 어린 새끼가 자신을 돌봐주는 어미가 보이지 않고 어미와 다르게 생긴 동물이 나타나면 불안을 느끼면서 어미를 부르는 소리를 내거나 도망가기 위해 최대한 몸을 버둥거리면서 숨으려는 행동을 하게 되지요. 불안이라는 정서가 새끼 동물을 움직여서 살아남을 가능성을 높인 것이지요. 이런 행위들은 변연계의 작동으로 이루어집니다.

인간도 마찬가지입니다. 태어난 지 얼마 되지 않은 아기는 엄마 냄새가 나지 않으면 우는 행동을 함으로써 불안한 마음을 표현합니다. 그러다가 엄마가 따뜻하게 안아주면 방긋 미소를 짓지요. 아기의 미소를 보며 엄마의 모성애는 더 강력해지고요. 이처럼 정서는 생명체가 생존을 위해서 선천적으로 가지고 태어나는 선물이기도 합니다.

우리 아이 정서지능은 몇 점?

EQ라는 용어는 이제 많은 사람에게 상당히 친숙한 말이 되었습니다. 눈치가 빠르거나 다른 사람에게 공감을 잘하는 사람을 보면 "너는 EQ가 높은가 보구나"라는 말을 자연스럽게 사용하지요. '학교 우등생이 사회 우등생은 아니다. 그렇다면 사회 우등생이 가지고 있는 능력은 과연 무엇일까?'라는 질문에서부터 출발한 EQ는 인간의 행복과 성공을 좌우하는 중요한 개념으로 알려져 있습니다.

EQ는 Emotional Intelligence Quotient를 줄인 말로 정서지능지수라고도 불리기도 하고 감성지수라고도 말하는 사람도 있지요. 사전적인 의미로 보자면 정서지능이란 감정, 기분 등을 적절하고 적합하게 표현하고, 이해하며, 상황에 맞게 조절하고 통제할 줄 아는 능력을 말합니다. 한마디로 표현하면 눈치라고 할 수 있지요.

눈치 없는 사람의 특징은 다른 사람들의 기분을 별로 고려하지 않고 상황에 적절하지 않은 정서 표현을 하거나 자신이 내키는 대로 감정을 드러낸다는 것입니다. 반면에 눈치가 빠른 사람은 다른 사람들의 기분을 살필 줄 알며 상황에 맞게 정서를 표현하고 분위기를 잘 살리지요. 또한 적절하게 자신의 감정을 관리할 줄도 알고요.

그렇다면 정서지능은 언제부터 발달하게 되는 것일까요? 정서지능의 핵심 능력이자 출발은 바로 정서인식능력과 정서조절능력입니다. 정서인식능력과 조절능력은 출생 후 12개월 사이에 서서히 발달하기 시작합니다. 태어난 지 6개월 정도 되면 아기는 벌써 다른 사람의 얼굴 표정을 구별하기 시작하는데요. 미소 짓는 얼굴과 화가 나서 찡그린 얼굴을 보여주면 반응을 다르게 하는 모습을 보입니다. 미소 짓는 얼굴은 오래 쳐다보며 같이 미소를 짓기도 합니다. 그러나 찡그린 얼굴을 보면 표정이 굳어지고 눈을 마주치지 않으려고 하고요. 아기에게도 정서인식능력이 있다는 증거이지요.

정서인식능력을 통해 아기는 세상을 탐색하는 데 도움을 받게 됩니다. 낯선 장난감이나 물건을 보면 덥석 잡지 않고 엄마 아빠를 바라보는 유아들을 쉽게 볼 수 있지요. 엄마 아빠가 웃으면서 "괜찮아, 만져봐"라고 얘기해 주면 그제야 천천히 낯선 물건에 손을 뻗습니다. 반대로 엄마 아빠가 굳은 얼굴로 "안 돼, 만지지 마"라고 말하면 더 이상 물건을 탐색하려고 하지 않습니다. 이런 행동을 사회적 참조social referencing라고 합니다. 낯선 상황, 익숙하지 않은 상황에서 행동을 결정하지 못할 때 도움을 받으려고 엄마 아빠나 가까운 사람들을 바라보는 행위이지요.

아기가 다른 사람의 정서를 읽을 수 있는 능력, 즉 정서인식능력은 이후에 어떤 행동을 할지 결정하는 데 중요한 길잡이가 됩니다. 정서인식능력이 부족하면 위험한 물건에 대한 조심성도 없고 아무 물건이나 덥석 잡는 등의 행동을 하지요.

생후 1년이 안 된 아기라도 정서조절능력을 가지고 있습니다. 또한 성장하면서 어떤 상황에서는 자신의 기분이나 감정대로 표현하는 것을 자제해야 한다는 규칙을 자연스럽게 배우게 됩니다. 가령 마음에 들지 않는 선물을 받았어도 고맙다는 인사를 하는 것이 예의라는 것처럼요. 물론 아기가 이러한 복잡한 규칙을 습득해서 정서를 자제한다는 것은 아니지만, 생후 1년 정도 되면 아기는 정서 표현을 자제하고 조절해야 한다는 것을 알아차리기 시작합니다. 그래서 좋아하지 않는 사람 혹은 엄마의 화난 표정을 보면 눈치를 살피거나 참고 피하려는 행동을 보이기도 합니다.

정서지능은 어디서 발달할까?

정서지능의 발달은 뇌의 성숙과 관련이 있습니다. 즉, 뇌가 성숙하고 발달하면서 정서지능도 함께 발달한다는 말입니다. 정서지능을 담당하는 뇌의 영역은 크게 두 부분인데요. 첫 번째는 정서가 발생하는 기관인 변연계, 특히 편도체입니다. 두 번째는 정서를 인식하고 조절하는 기능을 담당하는 전두엽입니다. 편도체와 전두엽이 서로 상호작용하면서 정서지능이라는 능력이 발휘되는 것입니다.

변연계 안에 자리하고 있는 편도체는 감정이 발생하는 곳으로 기쁨, 슬픔, 두려움 등의 일차정서가 일어나는 기관입니다. 편도체에서 감정이 발생하면 그 감정과 관련된 신체적 반응이 나타납니다. 예를 들면 엄마가 보이지 않아 두려운 아기는 눈의 동공이 커지고 가슴이 두근거리며 온몸의 근육이 긴장하게 됩니다. 그러나 반대로 행복감을 느끼면 몸의 온도가 따뜻하게 유지되며 근육이 편안하게 이완되고 심장박동도 안정적인 상태가 됩니다. 이처럼 편도체에서 감정이 발생하면 이 정보가 온몸으로 전달되면서 신체 반응으로 나타나는 것입니다.

전두엽은 주로 기억, 판단, 의사결정 등의 인지적인 기능을 담당하는 대뇌피질입니다. 그래서 엄마 냄새에 대한 기억, 엄마가 오면 배고프지 않다는 판단을 하게 되는 것이지요. 이러한 기억, 판단 등은 전두엽 뇌세포 간의 시냅스가 활발히 만들어지면서 더 발달하고 확대됩니다. 편도체에서 어떤 감정이 발생하면 그 감정과 관련 있는 사건 혹은 사람이 전두엽에 저장되고 기억되지요.

전두엽은 세상을 해석하고 받아들이는 기능뿐만 아니라 정서를 구별하고 이해하는 능력도 담당합니다. 그래서 변연계에서 발생한 정서를 구분하고, 엄마 아빠의 표정에서 감정과 기분을 해석하는 능력도 발달하게 되는 것이고요. 아기는 아직 언어를 배우지 못해 말로 표현하지 못할 뿐이지 정서는 이미 이해하고 있고 조절하고 있는 것입니다.

마음을 여는 열쇠

우리나라에 EQ라는 말이 소개되기가 무섭게 EQ를 발달시켜준다는 홍보하는 각종 교구와 교재가 범람했습니다. 그런데 실제로 이러한 교재와 교구들로 어릴 때부터 학습을 시키면 정말 아이의 EQ가 높아지는 걸까요? 교재, 교구보다 아기의 정서지능 발달에 더 큰 영향을 미치는 것은 바로 부모님과의 교감입니다.

한 번 더 웃어주세요

감정과 관련된 뇌 기관인 변연계는 생후 8주 정도부터 활발하게 발달하기 시작합니다. 언어나 인지를 담당하는 대뇌피질은 아기가 태어난 이후 천천히 발달하기 시작하는데, 변연계는 생애 초기에 결정적 시기를 맞이합니다. 즉 변연계는 태어난 지 얼마 되지 않은 시기부터 빠른 속도로 발달하기 위한 준비 태세를 갖추고 정서, 감정, 기분과 관련된 온갖 정보와 자극을 받아들이기 위해서 활짝 열리는 것입니다.

결정적 시기를 맞이한 변연계가 잘 발달하기 위해서 가장 필요한 것은 무엇일까요? 건강하고 긍정적인 정서 및 감정과 관련된 좋은 자극, 경험, 정보입니다. 그렇다면 건강하고 긍정적인 정서 정보, 자극, 경험이라는 것은 어떤 것을 말하는 걸까요? 안아주고, 달래주고, 눈을 마주치고, 미소를 보여주고, 토닥거려주고, 아기의 옹알대는 소리에 대답해 주고, 따뜻한 목소리로 말 걸어주고, 얼러주는 양육자와 부모의 모든 행동입니다. 언급한 모든 행동에는 기분을 좋게 만드는 온화하고 긍정적인 정서가 담겨 있지요. 이 행동들을 통해서 아기와 상호작용할 때 아기의 변연계에서는 감정이 발생하게 되고 건강하게 발달하게 됩니다. 다시 말해 변연계의 튼튼한 기초 공사가 만들어지는 것입니다.

간혹 아기가 양육자 혹은 부모님과의 정서적인 상호작용, 더 정확하게 말하면 따뜻하고 건강한 상호작용이나 보살핌을 받지 못하게 되면 시설 증후군Hospitalism을 보이기도 하는데요. 시설 증후군이라는 용어는 제2차 세계대전 이후 전쟁에서 살아남은 고아들에게서 나타나는 증상들을 연구하면서 만들어졌습니다. 생후 1년 동안 엄마의 사랑이나 돌봄을 받지 못한 아이들에게서 나타나는 문제로 정신적 장애 및 건강 문제, 기능장애를 일으키기도 하며 심한 경우 죽음에 이르기도 합니다. 연구자들에 따르면, 물리적으로 아무리 쾌적한 곳에서 지내고 영양가 높은 음식을 섭취해도 생애 초기에 정서적 교감을 느끼지 못하면 아이가 정상적으로 성장하기 어렵다고 합니다. 이는 생후 1년 동안 부모님 혹은 양육자와의 정서 교감과 상호작용이 아이에게 얼마나 중요한지를 알 수 있게 해주는 개념입니다.

뇌세포는 한 번 손상되거나 파괴되면 다시 회복되거나 재생되기가 어렵습니다. 활짝 꽃을 피워야 할 결정적 시기에 거름과 물이 되는 부모님의 사랑과 정서가 제공되지 않으면 변연계는 시들시들해지게 됩니다. 결국 아기는 이후에 정서를 제대로 느끼지 못하거나 정서와 연관된 다른 기관의 발달도 함께 멈추게 될 수 있습니다.

시설 증후군이 비단 시설에서 자라는 아이들에게서만 나타나는 것은 아닙니다. 제대로 적절한 정서적 상호작용과 돌봄, 사랑을 받지 못하면 어디에서건 언제든 나타날 수 있습니다. 아무리 좋은 집에서 부족한 것 없이 산다고 해도 부모님, 양육자와 아기와 정서적 교류를 제대로 하지 않으면 고아와 다를 바 없는 상태가 되는 것이지요. 자녀와 애정을 나누고 따뜻한 정서적 교감을 나누는 일은 EQ의 발달을 넘어 아이의 인생을 좌우하는 열쇠가 될 수 있습니다.

시설 증후군

생후 1년 동안 시설에서 자라면서 양육자와 정서적 교감, 따뜻한 스킨십, 감정적 상호작용을 하지 못하게 되었을 때 나타나는 시설 증후군은 신체적 쇠약, 감염, 질병, 발달장애 및 지체, 죽음 등의 증상으로 이어지기도 합니다. 또한 시설에서 살아남은 아이들은 정신장애, 정신지체, 반사회적 경향 등의 문제를 갖게 될 가능성이 높다고 합니다.

시설 증후군에 대한 연구는 상당히 오래전부터 이뤄져 왔는데, 그 출발은 1930년대에 스피츠Spitz라는 의사이자 정신분석가의 연구에 있습니다. 그는 전쟁에서 살아남은 고아들을 대상으로 정신 및 신체 건강상태에 대하여 체계적으로 연구하기 시작했습니다. 그가 연구 대상으로 삼은 아기들은 위생적이고 좋은 시설에서 적절한 영양을 공급받으며 지냈지만 양육자와의 정서적인 상호작용과 사랑을 받지 못했다는 특징이 있었습니다. 아이들을 돌보는 사람들은 시간에 맞춰 음식을 제공하고 기저귀를 갈아주는 등 적절한 생활환경만을 제공하였습니다. 안아주거나 말을 거는 등 정서적 안정을 주는 행동은 전혀 하지 않았죠.

이런 상황 속에서 지낸 아기들은 3개월 무렵부터 신체적, 심리적 기능이 심각하게 떨어지기 시작했습니다. 감염과 질병에도 취약해서 대수롭지 않은 병에 걸려도 쉽게 죽곤 했습니다. 또한 연령에 맞춰서 몸을 움직이는 운동발달에서도 지체를 보이거나 감정 없는 공허한 표정을 짓는 아이들이 많았습니다. 다른 사람들과 눈을 맞추는 경우도 드물었고요. 2년쯤 지나자 신체적, 심리적 발달장애는 더 심각한 수준이 되었습니다. 앉기, 서기, 걷기, 말하기 등 정상적이고 일상적인 행동을 전혀 할 수 없었습니다. 시설 증후군은 이처럼 삶을 파괴시키고, 이후에도 회복이 어렵고, 성인이 된 후에는 반사회적 행동을 보인다는 보고도 있습니다.

우리 아이 정말 궁금합니다

Q 저희 아이는 10개월 된 남아입니다. 신체발달이 빨라서 벌써 혼자 일어서기 시작했는데, 그러다 보니 자꾸 돌아다니면서 위험한 행동을 할 것 같아서 걱정이 됩니다. 지금부터 아이에게 엄격하게 규칙을 가르쳐야 하나 고민입니다.

A 아기가 커가는 속도를 보면 놀라울 정도이지요. 어느 순간 몸을 뒤집고, 기어 다니고, 그리고 스스로 일어나는 모습을 보면 참으로 신비로울 정도입니다. 그런데 신체발달로 아이가 자신의 몸을 스스로 통제할 수 있게 되면서 염려스러운 행동을 해서 걱정이 되기도 합니다. 그래서 부모님께서는 아이에게 규칙을 언제, 어떻게 가르치는 것이 좋을지에 대해서 고민하게 되실 것입니다. 먼저 한 가지 연구를 소개하도록 하겠습니다. 독일의 유명한 발달심리학자인 샤를로테 뷜러Charlotte Bühler 교수는 만 1세에서부터 2세까지의 유아들 앞에 좋아할 만한 장난감을 놓아둔 후 선생님이 돌아올 때까지 만지지 말라고 말하고 나서 방을 나왔습니다. 뷜러 교수가 방을 나오자마자 모든 아이들은 장난감에 손을 대었지요. 뷜러 교수가 방으로 돌아오니 16개월 정도 되는 아이들의 절반 정도는 눈치를 보면서 난처한 표정을 지었고, 18개월 된 아이들은 잘못했다는 듯 울먹거리는 표정을 보였습니다. 16개월 이하의 아이들은 마치 무슨 일이냐는 듯 멀뚱멀

뚱 표정을 지어보였고요. 이 실험에서 알 수 있는 것은 생후 18개월 정도 되어야 해야 할 것, 하지 말아야 할 것이라는 규칙과 규범을 이해할 수 있다는 것입니다. 18개월 미만의 아이들이 규칙을 지킨다면 그것은 규칙의 의미를 이해해서라 기보다는 엄마, 아빠가 화내는 것이 무서워서일 가능성이 높습니다.

그러므로 자녀가 규칙을 이해하기 전까지는 아이가 잘못하지 않을 만한 환경을 마련해 주는 방법밖에 없습니다. 아이는 지금 백지와 같은 상태이므로 무엇이 잘못인지, 왜 잘못했는지, 부모님이 왜 화가 났는지를 알지 못합니다. 되도록 잘못을 저지를 환경이나 상황을 만들지 말아야 하고, 혹여 잘못을 저질렀다면 도와주는 방법밖에 없습니다. 예를 들어 이제 돌이 지난 아이에게 가만히 앉아서 밥을 먹으라는 것은 가능하지 않은 일입니다. 이럴 때는 아이를 무릎에 안고 먹이는 수밖에 없습니다. 이를 반복하다가 옆에 앉혀서 먹이시고, 그것이 또 익숙해지시면 아이가 수저를 쥐고 밥을 자유롭게 먹을 수 있도록 천천히 시도해 주시길 바랍니다. 부모님들께서 많이 힘들고 인내심이 필요하시겠지만, 아이가 규칙과 규범을 이해하고 지키는 데에는 시간이 걸린답니다.

Q 아기가 이제 생후 6개월 정도 되었는데 언제쯤 말을 하게 될까요?

A 생후 12개월 정도까지는 아기가 무슨 말을 하는 것처럼 보여도 언어 이전의 소리입니다. 하지만 이러한 소리도 아기가 능동적으로 만들어내는 의사표현이며 이러한 소리 산출 단계를 거쳐야 말을 할 수 있습니다. 언어가 만들어지는 과정은 아래와 같습니다.

1단계 : 울음 단계

▶ 양육자에게 자신의 욕구를 표현하는 최초의 의사소통 단계로 주로 울음으로 표현합니다.

▶ 처음에는 아무 의미도 포함되어 있지 않은 울음을 보이다가 점차 불편함, 배고픔, 졸림 등의 의사를 표현하는 도구로 울음을 활용합니다.
① 일반적인 울음 : 높낮이가 일정하며 규칙적입니다. 뭔가 불편하고 짜증이 나거나 안아주기를 바랄 때 내는 울음입니다.
② 배고플 때의 울음 : 처음에는 불규칙적이며 낮은 강도로 시작했다가 소리가 점점 커지면서 리드미컬해집니다.
③ 아플 때의 울음 : 처음부터 큰 소리로 오래 웁니다. 중간중간 헐떡거리면서 호흡이 규칙적이지 않습니다.

2단계 : 쿠잉 단계

▶ 점차 울음이 아닌 발성을 나타내는 단계로서 생후 2개월 정도부터 나타납니다.

▶ 말을 건네거나 고개를 끄덕여주면 미소를 지으면서 15~20초 동안 '꾸룩꾸룩', '꾸루루르' 같은 소리를 내는데, 이러한 소리를 쿠잉cooing이라고 합니다.

▶ 우연히 나오는 목의 울림소리이지만 기분이 좋을 때 내는 소리라 해서 해피 사운드라고도 부릅니다.

3단계 : 옹알이 단계

▶ 일종의 입놀림이며 기초적인 발음 연습이 시작되는 단계입니다.

▶ 'ㅁ' 소리부터 내기 시작합니다. 처음에는 마마, 마망, 음므, 맘마, 음마와 같은 소리를 내다가 점점 음소가 확장되어 인간이 내는 거의 모든 소리가 옹알이로 나타나기도 합니다.

4단계 : 자기소리 모방 단계

▶ 생후 7개월 정도부터 나타납니다. 발음기관 중 혀, 입술이 발달하면서 여러 소리를 모방하고 반복합니다. 자신이 내는 소리를 듣고 좋아하기도 하며 혼자서 즐겁게 소리를 내기도 합니다.

▶ 이전 단계에서는 불분명한 소리를 냈지만, 자음, 모음의 분화가 일어나기 시작합니다. 자음, 모음을 결합시켜 새로운 소리를 내기도 하고 그 소리를 듣고 다시 모방하는 행동을 반복합니다.

5단계 : 타인의 소리 모방 단계

▶ 다른 사람의 말소리를 모방하며 소리를 냅니다. 9개월에서 10개월쯤 나타나며 다른 사람의 말소리를 이해하지 못하면서도 따라 하기도 합니다.

▶ 때로는 어설프지만 동작을 따라 하기도 합니다.

6단계 : 무의미한 소리 단계

▶ 생후 1년쯤 되면 언뜻 들으면 마치 진짜 단어처럼 들리는 소리를 냅니다. 하지만 자세히 들어보면 별 의미가 없는 소리로 마구 쏟아내는 소리입니다. 예를 들면 '마타가쿠우루' 같은 의미 없는 말을 반복적으로 하기도 합니다.

▶ 언어적인 의사소통이 본격적으로 시작되는 단어 하나를 문장으로 사용하는 일어문 단계와 겹칩니다. 예를 들어 "물!", "밥!"과 같은 문장으로 소통을 합니다. 언어를 말하기 시작하면서 6단계의 모습이 사라지기 시작합니다.

Q 맞벌이 부부라 아기와 보내는 시간이 길지 않습니다. 우리 아기에게 시설 증후군 증상이 나타나면 어쩌지요?

A 사회 변화에 따라 맞벌이 부부가 상당히 많이 증가했습니다. 맞벌이 부부의 가장 큰 고민은 아기의 발달에 문제가 생기지 않을까 하는 걱정일 것입니다. 시설 증후군은 정서적인 교감과 상호작용이 완전히 박탈된 상태, 즉 아기에게 사

랑, 감정 등의 경험이 전혀 제공되지 않을 때 나타납니다. 따라서 부모를 대신할 양육자나 양육 기관은 자주 바뀌지 않는 것이 좋습니다. 낮 시간에 아이를 돌보는 양육자와 양육 기관의 선생님은 아이가 엄마 아빠와 떨어져 있는 시간 동안 애착을 형성하는 대상이기도 하기 때문에 지속적이고 일관적일수록 도움이 됩니다.

맞벌이 부부라고 해서 아기와 충분한 정서적 교감을 갖지 못하는 것은 아닙니다. 아기와 함께 있을 때 긍정적이고 따뜻한 정서를 많이 보여주고 친밀한 신체 접촉과 스킨십을 통해서 질적으로 높은 시간을 함께 보내면 됩니다. 길지 않은 시간이라고 하더라도 따뜻하고 온화한 목소리 톤과 다정하고 애정이 담긴 표정과 눈 맞춤, 제스처, 스킨십 하나하나에 엄마 아빠의 사랑을 듬뿍 담아 표현한다면 건강한 정서 발달이 이뤄질 것입니다.

부모를 위한 지침

뇌발달의 결정적 시기는 있다

- 아기의 뇌발달은 유전에 의해서 영향을 받기도 하지만, 일상생활의 경험을 통해 달라지기도 합니다. 다양하고 즐거운 경험을 많이 할수록 아기의 뇌발달은 활발히 이뤄진답니다.
- 다양한 경험과 유익한 환경이 아기의 뇌발달에 결정적인 영향을 미친다고 해서 아기에게 학습 자료나 교재를 보여주는 것은 바람직하지 않습니다. 과거에 뇌발달을 위해 일찍부터 읽고 쓰는 학습을 시켜야 한다는 주장도 있었지만 최근에는 인지적 이해 수준이 갖춰지지 않은 상태에서의 글자, 수학적 이해, 영어 등 과도한 학습은 오히려 이후의 학습저해를 초래한다는 결과들이 속속 나오고 있습니다.

아기에게는 잠이 보약이다

- 뇌세포만 존재해 있는 아기의 뇌는 하루 종일 경험한 정보에 의해 놀랄 만큼 빠른 속도로 시냅스를 만들어내고 시냅스를 만들어내느라 지친 아기의 뇌는 휴식이 필요로 합니다. 신생아들이 잠을 많이 자는 것은 그 때문입니다.
- 아기의 수면은 단순한 휴식이 아니라 뇌발달을 위한 보약입니다.
- 아기의 숙면을 위해 다음 사항을 잘 지키도록 합니다.
  ① 실내 온도는 덥지도 춥지도 않은 상태를 유지해야 합니다.
  ② 조명은 가능한 한 낮추는 것이 좋습니다.
  ③ 자다가 깨지 않도록 텔레비전 소리나 주변 소음이 들리지 않게 합니다.

아기의 오감이 깨어나고 있다

- 생후 1세까지는 대부분의 뇌 영역이 활발하게 발달하는 양상을 보입니다. 이때 하나의 감각만을 강조하는 자극을 제공하게 되면 다른 감각과 관련된 뇌발달은 잘 이루어지지 않게 됩니다.
- 뇌발달의 결정적 시기에는 보기, 듣기, 만지기 등의 다양한 감각 경험을 해볼

수 있도록 해야 합니다. 감각 경험과 관련된 활동 예시를 제시하면 다음과 같습니다.

① 보기 : 다양한 색깔, 크기와 모양을 가진 물체 보여주기

② 듣기 : 엄마, 아빠, 혹은 양육자 목소리 자주 들려주기, 아기에게 자주 말걸어주기, 다양한 동물 소리와 사물소리 들려주기, 높낮이를 달리해서 말 걸어주기

③ 만지기 : 깔깔한 천과 부드러운 천 등 다양한 감촉을 느낄 수 있는 물건을 만져보게 하기. 고무찰흙 등을 주물러보게 하기

• 뇌와 관련 있는 신체는 바로 손입니다. 손은 작은 뇌라고도 말할 정도로 손을 자극하고 움직이면서 다양한 감각을 많이 경험할수록 뇌발달에 도움이 됩니다. 손가락을 주무르고 움직여주거나 엄마, 아빠의 입에 아기의 손을 대고 다양한 소리를 내는 등의 활동을 해보면 아기도 즐거워할 것입니다.

• 피부세포는 뇌세포와 연결되어 있습니다. 아기의 피부를 자주 만져주고 쓰다듬어주면 뇌발달은 물론 정서적 안정에도 도움이 됩니다.

아기의 EQ 발달, 이미 시작되었다

• 생후 1세까지는 감정이 발생하는 변연계의 결정적 시기이므로 아기와 정서적 상호작용을 많이 하는 것이 좋습니다. 엄마가 보여주는 정서적 반응은 모두 변연계를 발달시켜주는 훌륭한 재료가 됩니다.

• 안아주기, 토닥여주기, 쓰다듬어주기, 대화하기, 눈 맞추기, 아기의 행동과 표정에 반응해 주기 등 정서적 상호작용이 될 수 있는 행동을 자주 해줘야 합니다.

뇌가 쑥쑥 크는 활동 모음

1. 오감발달을 위한 활동

생후 1세까지는 오감과 관련된 뇌가 활발하게 발달합니다. 그러므로 오감을 자극하면서 아이의 발달 수준에 맞는 활동을 선택하는 것이 좋습니다.

① 생후 2~3개월 : 청각과 촉각을 함께 자극할 수 있는 활동

• 아기의 손에 쥐어주었을 때 촉각과 청각을 함께 자극할 만한 활동이 좋습니다. 예를 들어한 손에 잡히는 딸랑이, 얇은 딸랑이, 천으로 된 딸랑이, 소리가 나는 딸랑이 등 다양한 종류의 자극을 준비해 주세요.

② 생후 4~5개월 : 촉각을 다양하게 자극하는 활동

• 다양한 재질의 천을 만져보게 하면서 촉각을 자극받도록 해줍니다. 예를 들어 까끌까끌한 천, 부드러운 천, 반질반질한 천 등을 만져보게 하면서 다양한 자극을 경험하도록 합니다. 촉각 자극을 할 때 "보들보들하지", "이건 어때? 까끌까끌하지?"라고 말을 걸어주면 더욱 좋습니다.

• 다양한 크기의 공을 만져보도록 합니다. 엄지가 아직 펴지지 않는 아기는 손 안에 쏙 들어가는 공을 쥐어주면 자연스럽게 엄지를 펴게 됩니다. 이때 딱딱한 재질로 된 공은 다칠 수 있으므로 쿠션, 천으로 된 공을 사용하는 것이 좋습니다.

③ 생후 6~8개월 : 손가락의 움직임을 도와주는 활동

• 버튼 누르기, 구멍 속에 손가락 넣어보기 등 각각의 손가락을 사용할 수 있는 활동을 하게 해주는 것이 좋습니다. 곤지곤지 놀이, 잼잼 놀이와 같이 전통적인 손동작 활동도 도움이 됩니다.

④ 생후 9개월 이상 : 미각과 촉각을 자극할 수 있는 활동

• 다양한 식감의 이유식이나 아기용 간식을 만져보게 하면서 먹이면 미각과 촉각을 동시에 자극하게 됩니다.

• 밥알, 익힌 채소, 작게 썰어 놓은 과일 등의 음식을 손으로 집어서 먹을 수 있도록 합니다. 손 근육 향상과 미각, 촉각 자극에 도움이 됩니다.

• 마구 어지럽히면서 먹더라도 허용해 주시길 바랍니다.

2. 정서발달을 위한 활동

생후 몇 년 동안 양육자와 갖는 상호작용은 이후의 학교생활, 사회생활, 대인관계를 해나가는 바탕이 됩니다. 따라서 부모님을 비롯한 양육자는 아기가 충분한 애착관계를 형성할 수 있도록 노력해야 합니다.

① 항상 아기와 눈을 맞추고 말을 걸어주고 옹알이 등의 반응에 즐겁게 응답하도록 합니다. 이때 목소리의 톤을 조금 높이면서 활발한 목소리를 내어주면 아기가 집중하는 데 도움이 됩니다.

② 아기가 응시하는 것, 손가락으로 가리키는 것에 대해 충분히 설명해 줍니다. 못 알아듣더라도 애정을 갖고 이야기하면 아기도 엄마를 바라보고 이야기도 듣는 모습을 보입니다.

③ 긍정적인 반응을 해주고 자주 웃어줍니다.

④ 아기를 자주 안아주는 등 애정 표현을 충분히 해주도록 합니다.

3. 언어발달을 위한 활동

아기들은 언어 표현을 제대로 하지 못하지만 반복적 듣기를 통해 언어를 습득해 나갑니다.

① 아기가 엄마의 말소리를 금세 따라 할 것이라고 기대하지 말고 처음에는 비언어적인 소리부터 들려주세요. 조롱조롱, 데굴데굴, 옹알옹알 등과 같이 반복적인 소리를 들려주는 것도 도움이 됩니다.

② 아기의 이름을 부르거나 이야기를 건넬 때는 아기가 양육자의 입을 쳐다볼 수 있도록 유도해 입 모양을 정확하게 보이면서 말하는 것이 좋습니다.

③ 아기가 옹알이 등으로 무언가를 표현할 때 "그랬어, 그래서 어떻게 했어?"라고 반응해 주면 아이의 정서는 물론이고 언어발달에도 도움이 될 수 있습니다.

Chapter 2

1~3세 :
부모의 일관성 있는 태도가
바른 아이로 이끈다

엄마의 잘못을
기억하고 있는 아이들

스펀지처럼 모든 걸 흡수하는 시기

　'어린아이는 마치 스펀지처럼 세상의 정보를 흡수해 버린다.' 이 말이 의미하는 것은 무엇일까요? 스펀지가 그릇 속에 담긴 물을 단숨에 빨아들이듯 아이가 다양한 정보들을 쉽게 받아들인다는 의미이겠지요.

　자녀를 키우다 보면 이런 경험을 해보셨을 거예요. 오래전에 있었던 일이라 '그런 일이 있었나?'라고 생각할 정도로 가물가물하게 생각이 날 듯 말 듯한 일이나 자녀 앞에서 한 실수 또는 잘못된 행동을 아이가 또렷하게 기억하고 마치 사진을 찍어놓은 것처럼 말해서 당황한 적이요. 그렇게 아이들은 세상의 경험들을 너무도 쉽게 정보를 입력하고 기억해 냅니다. 이러한 시기를 결정적 시기라고 하지요.

부모님이 자녀의 뇌발달을 위해 기억하고 있어야 할 점은 모든 영역이 한꺼번에 결정적 시기를 맞이하지는 않으며, 영역별로 그 시기가 다르다는 것입니다. 특히 1세부터 3세 사이에는 신체, 정서, 감각 등등의 영역이 약간씩 다른 시기에 발달하게 되는데요. 이를 잘 기억하고 영역별 최적의 시기에 따라 필요한 교육을 제공해 준다면 그야말로 건강하고 효율적인 뇌발달이 이루어지겠지요. 이를 바로 적기교육이라고 합니다.

차례차례, 순서대로

영아에서 유아로 가는 시기, 즉 생후 1년을 지날 무렵에는 신체와 관련된 결정적 시기가 시작됩니다. 이 시기에 유아들은 하루가 다르게 신체 변화가 나타납니다. 아이가 하루가 다르게 커가는 것이 눈에 보일 정도이니까요. 이때 걸음마를 시작하게 되면서 눈에 띄게 많은 신체활동을 합니다. 활발하게 기어 다니고, 앉으려고 하면서, 무언가를 집고 일어서려고 하지요.

부모님께서 많은 관심을 가지고 계시는 언어발달의 경우에는 4세 이후부터 결정적 시기가 시작됩니다. 따라서 언어와 관련된 학습은 4세 이후에 시작하는 것이 좋다고 말할 수 있겠네요. 출생 후 3세까지는 사회성 발달과 관련이 있습니다. 물론 사회성 발달은 유아교육기관인 어린이집, 유치원을 다니는 시점인 5~6세에도 활발하게 나타나지만, 첫 발달 시기인 1~3세가 중요합니다. 우리 인생의 첫 인간관계는 바로 부모를 대상으로 합니다. 처음으로 맺게 되는 인간관계 즉, 부모-자녀 관계는 이후 아이의 대인관계 및 사회성을 좌우하는 데 매우 중요한 역할을 하게 되지요. 부모-자녀 관계가 안정적이고 감정교류가 많으며 애정 표현을 자주 한다면 아이는 다른 인간관계에서도 비슷한 양상을 보일 것입니다. 반대로 부모와 자녀가 감정 표현이 별로 없고 무덤덤하다면 아이는 다른 사람과 관계를 형성할 때에도 표현을 잘 안 하게 될 가능성이 높습니다. 사회성 발달의 결정적 시기에 접하게 되는 경험과 정보 즉, 부모-자녀 관계의 내용은 자녀의 기억에 각인이 되기 때문입니다.

거름망이 없는
아이의 머릿속

생후 3세까지는 신체, 인지, 정서 등의 다양한 뇌의 영역에 있어서 결정적 시기를 맞이합니다. 그렇다고 해서 어른들이 생각하는 고도의 신체적 능력이나 인지 능력 등을 의미하는 것은 아닙니다. 기초적인 수준의 신체 능력, 인지 능력의 발달이 이루어지는 것입니다.

결정적 시기이다 보니 어떤 정보를 제공해도 스펀지처럼 잘 흡수하게 되는데요. 문제는 받아들이게 되는 정보가 바람직하고 유익한 정보이건 유해하고 나쁜 정보이건 상관이 없다는 것입니다. 1~3

세에 해당하는 아이는 자신이 접하는 정보가 해로운 것인지 좋은 것인지 판단하고 걸러낼 수 있는 기능과 능력이 당연히 형성되지 않았으니까요.

그릇에 담긴 물이 어떤 물인가와 상관없이 스펀지는 같은 속도로 흡수하고 빨아들입니다. 깨끗한 물은 잘 빨아들이고 더러운 물은 잘 빨아들이지 않는 것이 아니라는 말이지요. 결정적 시기의 뇌도 마찬가지입니다. 정보가 유익한 정보이건 유해한 정보이건 상관없이 빠르게 받아들이고 쉽게 학습합니다. 그리고 한 번 흡수한 정보는 잘 잊어버리지도 않기도 하고요. 그래서 영유아기에는 나쁜 정보를 경험하지 않도록 어른들이 조심하고 주의해야 합니다.

동전의 양면

뇌발달의 결정적 시기에 노출되어서는 안 되는 유해한 정보, 즉 뇌에 해가 되는 자극은 무엇이 있을까요? 폭력적인 영상물이나 콘텐츠, 현란한 내용을 담고 있는 TV 프로그램, 과도한 언어 학습, 간접흡연 등과 같은 물리적인 자극뿐만 아니라 정서적인 학대, 방임, 공포스럽거나 불안한 정서 경험 등이 영유아기의 아이들이 피해야 할 해로운 자극이 됩니다. 이러한 자극들은 직접적으로 뇌세포를 손상을 입히기도 하지만, 결정적 시기에 도래해 있는 뇌가 이런 유해한 정보들을 스펀지처럼 흡수해서 각인하기도 합니다.

정부가 주도하여 실시되었던 우리나라의 유아 발달에 관한 방대한 연구 결과들을 살펴보면, 자폐스펙트럼으로 소아정신과를 내원한 유아 환자들의 공통점 중 하나가 과도한 영상물 시청을 매우 어린 시기부터 경험했다는 것입니다. 이제 막 걸음마를 떼고 뒤뚱뒤뚱 걸어 다니는 아기들은 오감과 관련한 다양한 세상을 경험하면서 급진적으로 뇌가 발달하게 됩니다. 그런데 직접 체험이 아닌 텔레비전, 스마트폰 등을 포함한 전자 매체들의 영상물에 많이 노출되면 그 자극들이 고스란히 뇌에 흡수되면서 여러 가지 문제가 발생하기 시작한다는 것입니다.

예를 들어 말하기 시작한 지 얼마 되지 않은 아기가 엄마에게 "엄마, 맘마!"라고 했을 때 엄마가 "우리 아기, 지금 맘마라고 했어? 아유 말도 잘하네! 맘마가 먹고 싶어?"라는 반응을 보였다고 해보지요. 이럴 때 아기는 엄마와의 상호작용과 칭찬을 받고 강화가 일어나 다음에는 더 분명한 발음으로 단어를 말하게 됩니다. 이것이 바로 상호작용에 따른 직접 체험의 결과라고 볼 수 있습니다.

그렇지만 아기가 텔레비전에 대고 아무리 "맘마!"라고 외쳐도 텔레비전은 아이의 말에 반응할 수 없습니다. 상호작용이 아닌 일방향 영상물을 많이 보는 아이들은 관계를 맺는 데 어려움을 겪을 수 있다는 연구도 있습니다. 또한, 기분 변화가 심하고 짜증을 많이 부리는 등 정서조절능력도 또래보다 덜 발달하거나 낮은 것으로 알려져 있습니다. 언어 이해력과 표현력에서도 늦은 발달을 보이고, 매체 속 영상물에서 봤던 문자나 색깔 등에 집착하는 행동을 보이기도 합니다. 건강하고 유익한 자극을 통해 활성화되어야 할 뇌가 상호 의사소통이 없는 영상물에 의해 발달을 방해받았기 때문입니다.

더욱 심각한 것은 뇌에 각인된 해로운 자극은 시간이 갈수록 더 강한 자극을 원하게 된다는 사실입니다. 상황이 이렇게 되면 파괴적인 악순환이 계속될 수밖에 없겠지요.

물리적인 자극 외에도 애정 결핍, 학대, 방치, 방임 등과 같은 정서적 문제들도 뇌의 발달에 안 좋은 영향을 미친다고 앞서 말씀드렸는데요. 긍정적이고 따뜻한 자극의 경험이 아닌 불안, 두려움 등의 부정적 경험은 뇌의 발달을 저해하고 이후의 삶을 어둡게 하는 결과를 초래합니다.

동전의 앞뒷면처럼 뇌발달의 '결정적 시기'라는 메커니즘의 뒷면에는 '민감하고 치명적인 시기sensitive period'라는 메커니즘이 숨겨져 있습니다. 결정적 시기에 있는 뇌는 해로운지 유익한지 구별하지 않고 무엇이든 흡수할 수 있다는 말이 얼마나 무서운 말인지 꼭 기억해 주시기 바랍니다.

유아 비디오 증후군

유튜브가 알려지기 전인 2000년대 초중반에 영유아 영어 비디오가 부모들에게 엄청난 인기를 누렸습니다. 또한 갓난아기 때부터 영어 단어가 적힌 플래시 카드를 보여주면 저절로 영어 영재가 된다고 해서 이를 구입하려는 부모님들도 많았습니다.

그 당시 상담을 통해 만나게 된 명후는 두 살된 남자아이였는데,

생후 8개월 때부터 영유아 영어 비디오를 접하기 시작했고 약 1년이 지나고 나서 발달의 문제를 보이게 되었습니다. 명후 엄마는 자녀의 영어 학습에 남다른 열정을 가지고 있어서 어릴 때부터 교육을 시키면 자연스럽게 외국인의 말을 알아듣고 영어로 말할 수 있을 것이라고 굳게 믿고 계셨습니다. 게다가 명후를 영어 영재로 키우고 싶은 기대감에 기회가 있을 때마다 영어 비디오 테이프를 자주 틀어줬고요. 실제로 명후는 하루 중 몇 시간이고 엄마가 틀어놓은 영어 비디오 앞에서 시간을 보냈습니다.

그런데 두 살이 넘었는데도 명후는 엄마 아빠는 물론이고 다른 사람들과 의사소통을 하지 않았습니다. 오로지 비디오에만 집착에 가까운 관심을 보이고 비디오를 틀어주지 않으면 짜증과 분노를 드러냈습니다. 그 또래가 좋아할 만한 장난감에도 전혀 반응을 보이지 않자 부모님은 명후의 증상이 예사롭지 않음을 눈치 채고 병원을 찾았고 안타깝게도 명후는 '유아 비디오 증후군'이라는 진단을 받게 되었습니다.

유아 비디오 증후군은 현대의 유아들에게서 나타나고 있는 새로운 증상으로 비디오나 텔레비전 시청이 주 원인이라고 알려져 있습니다. 유아 비디오 증후군은 자폐아와 유사한 증상을 보여 자폐증이라고 오해할 수 있습니다. 다른 사람과 의사소통을 전혀 하지 않고 유일하게 비디오나 텔레비전에만 반응을 합니다. 환경이 변하면 극도의 공포와 불안을 보이기도 하고요.

아이가 양육자와의 따뜻하고 즐거운 상호작용 대신 비디오 속의 영상물이라는 강렬한 시각 자극 속에 내던져지면 뇌의 특정 부분, 특히 시각 정보를 받아들이는 후두엽 신경 세포망의 과잉 발달을 불러올 수 있습니다.

영유아기의 뇌는 환경의 영향을 크게 받습니다. 더군다나 영유아 스스로 뇌발달에 도움이 되는 자극을 찾아다닐 수는 없으므로 부모님이 아이의 뇌에 도움이 되는 환경을 제대로 조성해 줘야 하는 것이고요. 이에 따라 아이의 뇌발달의 결과가 달라질 수 있습니다.

아기의 뇌발달에 있어서 환경 영향을 받는다고 해서 거창한 무엇이 필요한 것은 아닙니다. 부모님을 포함한 가까운 사람과의 상호작용만 잘 이루어져도 아이는 건강하게 발달할 수 있습니다.

밥상머리의 힘

아이를 키우는 음식
마음을 살찌우는 음식

아기가 첫 돌이 지나면 키나 몸무게가 하루가 다르게 늘어갑니다. 이 시기에 아기는 우유나 이유식을 지나서 형체가 있는 고형물을 먹으면서 더욱 신체적으로 성장하게 되지요. 그렇다면 뇌는 어떨까요? 뇌 역시 음식을 연료이자 재료로 삼아 활동하고 성장하게 됩니다. 일반적으로 성인이 하루에 섭취하는 음식의 20퍼센트를 뇌혼자서 소비한다고 하는데요. 우리 아이들의 뇌는 매일 시냅스를 만들고 있으니 더 좋은 연료가 필요로 하겠지요. 그래서 이 시기에는 영양가 있는 음식을 잘 먹는 것이 중요합니다.

우리 아이의 뇌가 잘 발달하기 위해서 어떤 음식이 필요하고, 잘 먹게 하는 방법은 무엇이 있을까요?

무엇을 먹일까?

우리 몸을 건강하게 만드는 3대 영양소 바로 탄수화물, 지방, 단백질이지요. 3대 영양소는 건강한 몸에만 필요한 것이 아니라 시냅스를 만들고, 뇌세포를 튼튼하게 만들기 위한 필수 연료가 됩니다.

탄수화물은 뇌를 움직이게 만드는 에너지원이 되는데요. 탄수화물이 소화되면서 포도당의 형태로 분해되고 이것이 뇌로 전달되면 이를 연료 삼아 뇌는 활동을 하게 됩니다. 만약 포도당이 충분하게 공급되지 않으면 집중력이 떨어지고, 에너지가 고갈되며 정서적으로도 우울감을 초래할 수 있습니다. 그렇다고 해서 모든 포도당이 뇌에 좋다고는 말할 수 없는데요. 단순포도당, 즉 과자, 빵과 같은 밀가루 등에 포함되어 있는 포도당은 질적으로 좋은 포도당이라고 보기 어렵습니다. 특히 정제된 밀가루로 만든 음식이 그렇습니다. 단순포도당은 뇌에 빠른 속도로 전달되고 에너지가 생기면서 즉각적인 효과가 나타나지만, 즉각적으로 에너지도 사라지기도 합니다. 뇌에 도움이 되는 탄수화물은 가공이나 정제되지 않은 복합탄수화물, 즉 현미나 보리, 통밀 등이 좋지만, 1세 정도의 아기는 아직 복합탄수화물에 대한 소화기능이 덜 발달해 있기 때문에 처음에는 쌀을 이용한 음식을 먹다가 점차 복합탄수화물로 적응해 보는 것이 좋습니다.

단백질은 시냅스를 만드는 원료가 됩니다. 시냅스는 뇌세포와 뇌세포 간의 연결회로망이라고 말씀드렸지요. 인지기능이 좋고 똑똑하다는 좋다는 것은 그만큼 시냅스가 많고 잘 발달해 있다는 의미인데요. 이런 시냅스의 원료가 단백질인 것입니다. 좀 더 정확하게 말씀드리면, 단백질의 기본단위인 아미노산이 뇌로 전달되면서 시냅스를 만들고, 뇌를 더 잘 작동하게 만드는 신경전달물질을 만들게 됩니다. 특히 필수 아미노산이 중요한데요. 필수 아미노산은 반드시 음식으로 섭취해야 합니다. 필수 아미노산이 포함된 음식은 고기, 생선, 달걀과 우유, 치즈, 요거트와 같은 유제품, 두부, 콩과 같은 식물성 단백질이 있습니다.

지방 역시 매우 중요한데요. 지방은 우리 몸 전체의 세포를 만드는 원료가 되는데, 특히 뇌의 중요한 구성성분이 됩니다. 건강한 성인의 뇌를 살펴보면 뇌의 60퍼센트가 지방으로 구성되어 있습니다. 아마 우리 신체 중 뇌만큼 지방을 많이 포함하고 있는 기관은 없을 것입니다. 지방 중에도 필수지방산은 뇌세포의 세포막을 만들고 축색을 보호하는 역할을 하는 수초를 만들기도 합니다. 아기의 뇌에 도움이 되는 좋은 지방은 불포화지방산으로 알려져 있는 음식인데요. 오메가3가 다량 포함되어 있는 등 푸른 생선, 우유를 포함한 유제품, 달걀, 견과류 등입니다.

훌륭한 조연 배우, 3부 영양소

영화나 드라마를 보면, 주연 배우 못지않게 조연 배우의 활약이

상당한데요. 뇌발달이라는 영화도 마찬가지입니다. 뇌발달이 훌륭하게 이루어지기 위해서는 3대 영양소라는 주연 배우 못지않게 3부 영양소라는 조연 배우의 역할이 중요합니다. 비타민, 무기질, 물이 바로 3부 영양소입니다.

3부 영양소는 뇌의 기능을 원활하게 만들 뿐만 아니라 뇌세포의 또 다른 연료인 산소를 확보하게 만드는 데 기여합니다. 3대 영양소가 뇌세포를 만들고 뇌세포가 활동하게 하는 연료가 되게 할 때 3부 영양소는 뇌세포가 3대 영양소를 잘 활용할 수 있도록 도움을 줍니다. 예를 들면 비타민은 아미노산을 신경전달물질로 전환하도록 하는데 촉매제 역할을 하지요. 이런 3부 영양소가 포함되어 있는 음식은 각종 채소, 과일, 해조류, 해산물 그리고 물입니다. 처음부터 아기들이 3부 영양소 음식을 잘 먹지 않을 수 있습니다. 게다가 식감이 비교적 거칠기 때문에 채소나 해산물을 뱉어 버리는 경우도 있고요. 그래서 처음에는 푹 익히거나 잘게 잘라서 그 향이나 식감에 천천히 익숙해지도록 하는 것이 좋습니다.

머리가 쑥쑥 자라는 음식들

앞서 뇌발달의 결정적 시기의 또 다른 이면은 바로 민감함의 시기라는 설명을 드렸습니다. 경험하는 정보를 쉽게 받아들이는 결정적 시기에 해로운 정보를 접하게 되면 그 역시 뇌에서 쉽게 받아들이고 잘 잊지 않기 때문에 붙여진 개념이지요.

음식도 마찬가지입니다. 뇌가 활발하게 발달하고 성장하고 있는 결정적 시기에 도움이 되는 '두뇌 음식'을 섭취하게 되면 뇌발달 뿐만 아니라 미각의 발달에도 긍정적인 영향을 줄 수 있지만, 그 반대의 음식을 접하게 되면 미각은 물론 뇌에도 부정적인 영향을 주게 되는 것입니다.

이 시기에 조심해야 하는 대표적인 음식은 '설탕'입니다. 음식이 뇌에 미치는 영향을 오랜 시간 연구한 영국의 심리학자이자 두뇌음식 연구자인 패트릭 홀포트Patrick Holford는 성장기 아이가 섭취하는 음식이 뇌발달을 좌우한다고 주장하였습니다. 특히 그는 뇌에 해로운 금지식품으로 설탕이 다량 포함된 음식을 꼽았습니다. 그의 연구에 따르면 설탕은 산성 물질로서 다량 섭취하면 우리의 생체 시스템이 산성과 염기성의 균형을 맞추기 위해서 가동하는데 이때 칼슘을 원료로 사용한다는 것입니다. 그래서 설탕을 많이 먹으면 칼슘 결핍이 발생하게 되는 것이지요.

칼슘 결핍은 성장기 아기의 뼈 건강에도 치명적인데, 뇌에도 그만큼 악영향을 미치게 됩니다. 칼슘은 집중력을 높여주고 온화한 성격으로 만드는 역할을 하는데, 칼슘 결핍은 집중력을 떨어뜨리고 신경질적이고 예민하게 만들면서 난폭한 행동을 유발하게 만든다는 것입니다. 유아기의 아기에게 단맛이 풍부한 사탕, 초콜릿, 음료는 매우 강렬하게 음식으로 느껴지고 계속해서 더 많이 찾게 만듭니다. 그 과정에서 뼈도 뇌도 건강을 잃게 되는 것이고요.

우리 아이 밥 잘 먹는 방법
어디 없나요?

성장하고 있는 아기의 뇌에 도움이 되는 음식, 해가 되는 음식을 아는 것도 중요하지만, 우리 아이가 두뇌 음식을 잘 먹는 것이 가장 중요하겠지요. 그러나 많은 부모님들이 식사 시간이 너무 힘들다고 말씀하십니다. 어떤 분은 "밥 먹이는 것은 전쟁이 치르는 것 같아요"라고도 하시더군요. 우리 아이가 즐겁게 그리고 잘 식사를 하도록 하는 방법은 무엇이 있을까요? 몇 가지 방법을 알아볼 텐데요. 이 방법들이 단번에 효과가 나타나는 것은 아니고 인내심을 가지고 실행해보셔야 한다는 것입니다. 우리 자녀가 좋은 식사 습관을 갖게 되는 것은 어렵지만, 향후 우리 아이의 건강한 뇌발달에 큰 도움이 될 수 있답니다.

식사도 놀이처럼

출생 후 아기가 생존하기 위해서 후각이 발달한다고 말씀드렸죠. 그래서 엄마 냄새, 젖 냄새를 본능적으로 찾게 됩니다. 그러면서 미각도 함께 발달하게 됩니다. 물론 성숙한 어른들처럼 미세한 미각이 발달한 상태는 아닙니다. 아기는 선천적으로 쓴맛과 신맛을 좋아하지 않습니다. 쓴맛과 신맛은 경험한 아이는 변연계의 편도체를 자극하여 불쾌감을 느끼게 되며, 좋지 않은 맛과 감정을 기억하게 되는 것이지요. 그래서 아기가 어느 정도 성장할 때까지 쓴맛과 신맛을 좋아하지 않는 경우가 많습니다.

게다가 기질이 예민한 아이들은 낯선 음식을 먹는 것을 거부하는 모습을 보이기도 하지요. 이런 모습을 새 식품 혐오증Food Neophobia이라고 합니다. 새 식품 혐오증은 2세에서 6세까지 강하게 지속됩니다. 그렇다면 우리 아이 뇌의 성장과 발달을 위한 다양한 음식을 어떻게 먹일 수 있을까요?

가장 좋은 방법은 부모님과 자녀가 함께 음식을 준비하고 그 음식을 먹는 것입니다. 이를 입증한 연구가 있는데요. 바로 미국 펜실베니아 주립대학교의 린 버치Leann Birch 교수팀의 실험입니다. 2세에서 5세 사이의 아이들을 대상으로 친숙한 어른, 즉 부모님이나 유치원의 선생님과 음식을 준비해서 먹을 때와 낯선 사람과 준비해서 먹을 때 비교해 보았죠. 결과는 평소 잘 아는 어른들과 준비하고 식사할 때 새로운 음식을 잘 받아들이는 것으로 나타났습니다. 친밀한 어른이 그 음식을 같이 차리고 먹는 것을 보았을 때 아이들은 안전하다고 느끼고 함께 먹을 수 있는 것이지요.

이러한 연구결과에 비추어 보았을 때, 우리 아이가 새로운 음식을 잘 먹을 수 있는 방법은 함께 음식을 준비하면서 무엇을 먹게 되는지 아이가 알고 함께 먹는 것입니다. 자신이 무엇을 먹는지 알고 친밀한 어른들과 식사할 때 아이들은 식사를 잘 받아들이게 됩니다. 어린 자녀와 음식을 준비하는 과정이 힘들 수 있으니 음식 준비를 할 때 넉넉하게 하여 냉동해 놓았다가 나중에 녹여서 먹어도 좋습니다. 먹을 때마다 "지난번에 엄마, 아빠하고 함께 만들었던 음식이지? 그때 재미있었는데" 등과 같은 이야기를 들려주면 아이에게 음식에 대한 기억을 떠올리게 할 수도 있습니다.

30분 지키기

자녀와 식사를 하면서 가장 어려운 점 중의 하나가 시간이 너무 오래 걸린다는 것입니다. 한술 입에 넣어도 씹지 않고 물고 있다가 재촉하면 그제야 오물오물거리기 일쑤지요. 과장하면 밥 먹이는 데 한나절이 걸린다고 느껴질 정도입니다. 그러다가 보면 어느 순간 얼마 먹지도 않았는데 배불러서 못 먹겠다고 배를 두드리고 딴청을 피워 부모의 애를 태웁니다.

우리가 음식을 먹으면 위장에서 음식물이 분해되면서 포도당 형태로 변해서 혈액을 통해 뇌로 전달이 됩니다. 특히 시상하부에 있는 포만중추로 전달이 되면 '아, 배불러'라는 신호가 발생하여 더 이상 먹고 싶지 않게 됩니다. 이 시간이 딱 30분 정도입니다. 밥을 빨리 먹는 사람이 밥을 천천히 먹는 사람보다 포만중추가 배부르다는 신호를 보내는 시간인 30분 동안에 많이 먹게 되는 것이지요. 아이들의 뇌도 마찬가지로 포만중추가 신호를 보내는 시간인 30분을 정확하게 지키게 되어 식욕을 더 이상 느끼지 않게 되는 것입니다.

그렇다고 해서 30분 안에 빨리 식사를 하게 하려고 "얼른 먹어, 얼른"이라고 재촉하면 아이는 심리적인 압박감을 느껴서 밥을 먹는 것이 즐겁지 않게 됩니다. 대부분의 아이들이 매끼마다 먹는 양이 일정하지 않지만 일주일 동안 먹은 양을 계산해 보면 거의 비슷비슷합니다. 그러니까 점심에는 덜 먹으면 저녁에는 그만큼 배가 고파서 더 먹게 되는 것이지요.

가족과 함께 먹어요

아이가 자리에 앉아서 자기의 그릇에 담긴 음식을 딱 먹으면 얼마나 좋을까라고 생각하시는 부모님들이 많으실 것입니다. 자리에 가만히 앉아 있지 않으니 어쩔 수 없이 텔레비전이나 스마트폰 동영상을 틀어놓고 밥을 먹이는 경우도 있고요.

세인트메리 대학교의 로리 프랜시스Lori A. Francis 교수 연구팀에서는 3세에서 5세 사이의 아이들에게 식사를 할 때 텔레비전과 동영상을 틀어주었을 경우와 식사만 하게 하였을 경우를 비교해 보았는데요. 텔레비전과 동영상을 보는 동안 아이들은 식사 시간의 93퍼센트를 텔레비전과 동영상만을 바라보는 데 사용했습니다. 먹는 양도 매체 없이 먹었을 때에 비해서 절반 정도밖에 먹지 못했고요. 게다가 동영상이나 매체를 보면서 식사를 하면 장기적으로 보았을 때 채소와 과일을 덜 먹고 고칼로리 음식을 좋아하게 된다고 하는데요. 동영상을 보는 동안에 먹는 속도가 느리다 보니 포만감을 느끼는 데 시간이 오래 걸리는 채소나 과일보다는 빠르게 포만중추를 자극하는 고칼로리 음식을 선호한다는 것입니다.

두 가지 일을 동시에 하는 경우를 멀티 플레이Multi Play라고 하는데, 사실 멀티 플레이가 식사의 경우 그렇게 효과적인 것은 아닙니다. 식사가 숙달되지 않은 아이에게 식사를 하면서 동시에 매체를 보는 것을 할 때 제대로 밥을 먹기 어렵다고 볼 수 있는 것이지요.

식사를 잘 할 수 있도록 하기 위하여 동영상을 활용하는 방법은 식사 시간 30분 전에 아이에게 밥을 맛있게 먹는 또래 아이의 동영상을 보여주는 것은 도움이 될 수 있습니다. 아이의 거울신경세포를 자극하여 밥 먹는 행동에 대한 학습을 하고 따라 하게 되니까요. 사실 가장 좋은 방법은 부모님과 자녀가 이런저런 이야기를 나누면서 같이 식사를 하는 것입니다. 이것은 직접적으로 거울신경세포를 자극하는 것이니까요. 물론 어린 자녀와 대화를 나누는 데는 제한이 되지만, 식사하고 있는 음식물에 대한 이야기, 엄마, 아빠가 어릴 때 먹었던 음식의 이야기를 아이의 수준에서 말씀해 주시는 것도 도움이 될 수 있습니다.

더 알아보기

몇 살부터 수저를 사용하는 것이 좋을까요?

어린아이들과 식사를 하고 나면 아이의 옷, 손은 물론 식탁이나 바닥까지 온통 난장판이 되어 있지요. 그래서 하루라도 빨리 아이가 그릇에 담은 음식을 수저를 이용해서 먹기를 바라는 마음이 큽니다. 게다가 '손은 작은 뇌'라고 말할 정도로 뇌에 긍정적인 자극 전달을 하기 때문에 숟가락, 젓가락을 사용하면 아이의 뇌발달에도 도움이 될 수 있을 것이고요. 그렇지만 서두르지 말고 천천히 가르쳐주시길 바랍니다. 아직 손가락의 소근육이 발달하지도 않았고 음식을 먹는 행동을 익히지 못한 아이들에게는 수저를 사용하고 싶은 마음이 드는 데 시간이 다소 걸릴 수 있습니다. 1~2세까지는 도구보다는 손으로 집어서 음식을 먹는 것이 자연스러운 나이니 손으로 음식의 감촉을 느껴보고 집어 먹도록 허용해 주시는 것이 좋습니다. 그러다가 어른들이 수저를 사용하는 것을 보게 되면 아이들도 수저에 관심을 보이게 되는데, 이때 숟가락으로 직접 음식을 떠보며 스스로 성취감을 느껴보도록 하는 게 좋을 것입니다. 만약 "흘리지 마"라는 꾸중과 함께 강압적으로 수저를 사용하도록 하면 아이는 밥 먹는 것이 즐겁게 느껴지지 않을 수 있습니다. 아이의 소근육은 천천히 발달한다는 점을 기억하면서 여유를 갖고 수저 사용을 알려주시면 좋겠습니다.

나를 배우는 시간

엄마와 내가 달라요

돌 무렵부터 아이의 뇌는 빠른 속도로 발달하기 시작합니다. 이 때의 두드러진 특징은 두 가지가 있습니다. 바로 모국어의 습득이 이루어지기 시작하고 이차 정서가 발달한다는 것입니다. 이 두 가지의 발달은 생후 1세 이전의 상태보다 발달된 인지능력이 갖춰졌을 때 나타나게 됩니다. 이 말은 뇌세포 간의 시냅스가 이전보다 훨씬 복잡하고 발달된 뇌세포 연결망이 형성되고 대뇌피질의 밀도도 높아졌다는 의미입니다. 특히, 아이의 자기인식능력과 함께 이차 정서가 발달합니다. 자기인식능력은 자신을 지각하고 들여다보는 능력을 말하는데요, 아이의 인지능력이 발달하기 시작하면 거울 속의 자신의 모습을 알아보고 자신을 타인과 구별하게 됩니다.

이차 정서는 기쁨, 슬픔, 분노, 공포 등의 일차 정서보다 복잡하고 다면적인 성격을 지닌 정서를 말하는데요. 예를 들어 질투, 당황, 창피함, 죄책감 등과 같은 정서가 대표적인 이차 정서에 해당합니다. 일차 정서가 두 개 이상이 섞여서 복잡한 감정을 느끼게 되는 이차 정서는 유아가 거울 속에 비친 자신의 모습 또는 사진 속의 자신의 모습을 알기 전에는 나타나지 않았습니다. 아이가 자신을 다른 사람과 구별하기 시작하면서 이차 정서도 발달하게 되는 것입니다.

이차 정서의 발달

일차 정서는 선천적으로 가지고 태어나는 정서입니다. 아기가 배고프거나 불편함을 느낄 때에는 슬픔과 분노를 드러내고, 배가 부르고 편안함을 느끼면 기쁨과 행복을 나타냅니다. 이처럼 일차 정서는 아기가 느끼는 욕구와 관련이 있으며 아기의 표정만 봐도 어떤 정서를 느끼고 있는지 알 수 있습니다. 이에 비해 이차 정서는 어떠한 사건으로 인해 경험하게 되는 두 개 이상의 정서가 복잡하게 섞인 상태입니다. 그리고 앞서 말씀드린 것처럼 아이가 세상과 자신을 구별할 수 있는 인지능력인 자기인식능력이 발달해야 느끼게 되는 정서입니다. 세상과 자신을 구별할 수 없는 생후 1세 이전의 아기들은 느낄 수 없는 정서라고 볼 수 있습니다.

생후 1세 이전의 아기들은 세상과 자신을 구분하지 못할 뿐만 아니라 심지어 자신의 신체와 다른 사람의 신체조차도 구분하지 못합니다. 여러 명의 아기가 함께 누워 있을 때 다른 아기의 손을 마치 자신의 손처럼 만지고 빠는 모습을 보면 자기인식능력이 아직 형성되지 않았다는 것을 알 수 있지요.

루이스Lewis라는 발달심리학자는 유아들의 자기인식 능력이 형성되었는지 아닌지를 알아보기 위해서 재미있는 실험을 했습니다. 생후 9개월에서 24개월 사이의 아기들을 대상으로 코에 빨간 점을 그려놓고 거울을 보여준 것입니다. 아기가 자기인식능력이 형성되었다면 거울을 통해 빨간 점이 그려진 얼굴을 보고 자신의 코를 만지겠지만, 자기인식능력이 형성되지 않았다면 거울에 비친 자신의 모습을 알아보지 못한 채 거울 속 아기의 코를 만지려고 할 것이라고 가정하고 이루어진 실험이었지요. 자, 결과는 어떻게 되었을까요?

실험 결과, 생후 1년 미만의 아기들은 거울에 비친 자신의 모습을 보고 신기한 듯 자꾸 들여다보며 거울을 어루만졌습니다. 거울 속에 자신을 알아보지 못한 것이지요.

반면에 첫돌이 지난 아기들은 거울을 보고는 자신의 코를 만졌습니다. 거울 속에 비친 아기가 바로 자신이라는 것을 알고 있다는 증거이지요. 이렇게 자기인식능력이 발달하기 시작하면 이차 정서도 나타나게 됩니다. 자기인식능력이 생기기 전의 아기는 세상과 자신이 다르다는 사실을 전혀 이해하지 못해서 다른 사람들의 눈치를 보거나 내 것, 남의 것을 구별하지 못합니다. 그러나 자기인식능력이 생기면 나와 다른 사람의 존재를 구별할 줄 알고 다른 사람을 의식하게 됩니다.

EQ가 높은 아이

우리 뇌에서 정서가 발생하는 장소는 변연계라는 것을 기억하실 것입니다. 변연계는 매우 일찍부터 발달합니다. 갓 태어난 아기들이 울음을 통해 고통, 아픔 등을 표현하는 것을 보면, 변연계는 엄마 배 속에서부터 발달하는 것이 아닌가 하는 유추도 해보게 됩니다.

그런데 지금 내 기분이 어떤지 등을 이해하고 인식하는 능력은 뇌의 어떤 영역과 관련이 있을까요? 감정, 기분, 정서를 관장하는 변연계와 관련이 있을까요? 해답은 전두엽의 발달과 관련이 있습니다. 정서는 변연계에서 발생하지만 그 정서가 무엇인지 알아내는 것은 전두엽에서 담당합니다. 기쁨, 슬픔, 행복 등등의 정서를 구별하고 파악하는 것은 인지능력에 해당하는 것이지요. 전두엽은 생후 1년 이후부터 발달하기 시작하며 아이는 이곳을 통해 감정과 기분, 정서를 자각하게 됩니다.

이와 같은 자신의 정서에 대한 인식과 이해는 정서지능, 즉 EQ에서 상당히 중요합니다. 정서지능의 핵심은 상황에 맞게 자신의 감정, 기분, 정서를 적절하게 조절하고 관리하고 통제하는 것입니다. 그런데 정서를 조절하려면 자신의 정서를 먼저 인식하는 데서부터 출발해야 합니다. 자신이 지금 어떤 기분인지도 모르면서 기분을 조절하고 관리할 수는 없겠지요?

손에 땀이 나고 가슴이 쿵쾅거리는 자신의 상태에 대해 '아, 내가 지금 불안하구나'라고 인식할 수 있는 아이는 "이런 불안한 마음을 잊어버리고 싶은데, 어떻게 해야 하지? 심호흡을 해볼까? 노래를 불러볼까?" 하면서 감정을 조절하려고 노력하게 됩니다. 즉, 자신이 화가 났는지, 짜증이 났는지, 우울한지 제대로 파악이 되면, 그 상태를 좀 더 긍정적인 방향으로 조절할 수 있게 되는 것입니다.

정서지능의 출발이 되는 자기인식능력은 아이가 자신과 타인을 구별할 수 있게 된 뒤에야 발달하게 되는데요. 정서에 대한 자기인식능력이 제대로 형성되지 않거나 발달하지 않으면 정서지능의 밑그림이 그려지지 않습니다.

어려서 모를 거라는 착각

놀랍게도 18개월밖에 되지 않은 아기도 자신의 정서를 관리하기 시작합니다. 18개월 정도면 자기인식능력의 발달이 한창 이뤄지고 있는 시기인데, 이때부터 아기가 자신의 정서를 관리하는 능력도 서서히 발달하기 시작합니다. 예들 들어볼까요. 혹시 이런 모습 보신 적 없으신지요? 아기가 혼자 있다가 넘어지면 입을 삐죽거리며 울음을 꾹 참는 모습을 보이다가도 부모님이나 양육자가 나타나면 그제야 아픈 곳을 가리키며 울음을 터트립니다. 그냥 지나쳤던 이런 행동이 사실 아기가 자신의 정서 표현을 조절하고 관리하는 능력이 발달하고 있음을 보여주는 증거가 됩니다.

자신의 정서를 이해하고 파악하는 능력보다 더 복잡한 정서관리능력은 전두엽, 특히 전전두엽의 시냅스가 점점 많아지고 복잡해지면서 나타나게 됩니다. 변연계, 더 정확하게 말하면 변연계에 포함되어 있는 편도체에서 정서가 발생하면 이것을 어떻게 다룰지, 즉 자신의 정서를 드러낼 것인지 참을 것인지 등을 판단하고 결정하며 조절하는 역할을 전전두엽에서 담당하는 것입니다.

아기의 전전두엽이 발달하면 할수록 이와 같은 정서관리능력은 더욱 정교해지고 세련되어집니다. 일차 정서를 단순히 통제하던 수준에서 복잡한 이차 정서를 관리하고 조절하는 수준으로 발전하게 되는 것입니다. 실제로 이러한 수준의 변화를 연구한 발달심리학자 루이스는 두 가지 실험을 통해 이를 확인시켜 주었습니다.

첫 번째 실험은 여러 연령대의 아이들에게 좋아할 만한 선물과 별로 매력적이지 않은 선물을 주었을 때 반응을 살펴보았습니다. 아이들이 좋아할 만한 선물은 알록달록 장난감이나 인형, 시선을 사로잡는 여러 놀잇감이었고 별로 매력적이지 않은 선물은 어른들이 쓰는 텀블러, 시장 가방, 별로 눈에 띄지 않는 색상의 상자 같은 잡동사니였습니다. 재미있게도 생후 1년이 되지 않은 아이들은 별로 매력적이지 않은 선물을 받았을 때 달가워하지 않은 표정을 짓거나 쳐다보지 않는 모습을 보였습니다. 심지어 슬쩍 밀어버리면서 거부하거나 내동댕이치기도 했습니다. 자신의 정서를 통제하지 못한 채 느끼는 그대로 솔직하게 감정을 표현한 것이지요.

그런데 생후 12~18개월 정도의 아이들은 자신의 정서를 관리하는 모습을 보였습니다. 별로 좋아하지 않는 선물이지만 선물을 받았다는 사실에 반가워하고 고마워하는 표정을 짓거나 "고맙습니다"

라는 언어적 표현도 했습니다.

이것은 부모님께서 어른들 앞에서 예의 바르게 행동해야 한다고 가르친다고 해서 나타나는 행동들은 아닙니다. 전전두엽의 발달이 이렇게 놀라운 변화를 이끌어낸 것이라고 볼 수 있습니다. 즐겁지 않아도 자신의 기분 상태를 다른 사람에게 드러내지 않을 줄 알고, 슬픔을 느껴도 상황에 부적절하면 울음을 참고 자신의 마음을 달래는 정서관리능력이 발달하게 된 것입니다.

이러한 변화에 대해 '애답지 않다', '너무 어릴 때부터 억눌러서 크는 거 아닌가'라고 생각하지 않으셔도 될 것입니다. 정서관리능력의 발달은 사회적 관계에 필요한 규칙을 습득하고 있음을 나타내는 징표이니까요. 사회적 관계에서 어떻게 행동하고 반응하며 표정을 지어야 한다는 행위 규칙을 안다는 것은 상당히 중요합니다. 뇌의 발달을 통해 아이는 점차 사회화가 이뤄지고 있는 것입니다.

두 번째 실험 역시 정서 표현 관리를 알아보는 실험이었습니다. 여러 연령대의 아이들을 한 명씩 실험실에 데리고 들어가 아이들 앞에 매력적으로 보이는 장난감과 관심을 전혀 끌 만한 점이 없는 장난감을 나란히 놓고 매력적인 장난감에 절대로 손을 대서는 안 된다고 몇 번을 강조했습니다. 그리고 실험실 밖에서 아이가 과연 매력적으로 보이는 장난감에 손을 대는지 관찰했습니다.

거의 대부분의 아이들은 장난감에 손을 대고 만져보았습니다. 그리고 실험자가 실험실로 다시 돌아와 장난감에 손을 댔는지 물어봤을 때 모두들 손을 대지 않았다고 말했습니다. 하지만 연령대가 높을수록 대답을 하는 표정에서 차이가 보였는데요. 어린 나이대의 아이들은 "손대지 않았어요"라고 말하면서도 눈빛이 흔들리거나 무엇을 잘못한 것처럼 울먹거리는 표정을 지어보였는데, 연령이 높아질수록 아이들은 훨씬 더 표정을 잘 관리하는 모습을 보였습니다.

이 실험은 높은 연령의 아이들이 정서관리능력이 더 발달해 있음을 잘 보여줍니다. 정서관리능력이 더 발달한 높은 연령의 아이들이 거짓말을 하는 자신의 정서를 어린 연령의 아이들보다 더 잘 감췄던 것이지요. 이와 같은 정서관리능력은 이성적인 기능을 담당하는 전두엽이 점차 발달하면서 이뤄진다고 볼 수 있습니다.

스스로를 지키는
감정 근육

편도체와 전두엽 관계에 대한 설명을 듣고 나니 어떤 생각이 드시나요? 편도체에서 발생한 정서를 이해하고 관리하는 능력을 전두엽에서 담당하니 전두엽을 발달하게 한다면 자연스럽게 정서지능이 향상될 것 같지 않으신가요? 정말 그럴까요? 해답은 정서의 중요성에 달려 있습니다.

정서는 지금 경험하고 있는 상황이나 상대에 대해서 느끼고 있는 감정적인 상태로 우리의 생존과 매우 밀접한 관련이 있습니다. 공포나 불안이라는 정서가 느껴지면 우리 몸은 어떻게 변하나요? 금방이라도 내게 닥칠지 모르는 위험한 사태에 대비해서 온몸이 경계와 긴장태세를 갖추도록 변연계에서 즉각적인 명령이 전달됩니다. 또한 엄마나 자신을 돌봐주는 사람이 나타나면 기쁨을 느끼고 미소와 반가운 행동을 보임으로써 다른 사람이 아기를 더 잘 돌보도록 만드는 것도 역시 정서가 만드는 결과이자 정서의 힘입니다.

정서는 인간에게 하나의 적응기제이며 삶의 동력이라고 말할 수 있습니다. 아이들의 경우 더욱 그렇습니다. 어릴수록 부정적인 정서보다는 긍정적인 정서를 경험하는 것이 뇌발달에 좋은 영향을 주게 됩니다.

별걸 다 기억하는 아이들

초등학생에게 서너 살 때의 일을 떠올려보라고 하면 대부분의 아이들이 기억을 잘 못합니다. 간혹 기억하는 아이들도 있기는 하지만 5세 이전의 기억을 갖고 있는 경우는 매우 드물지요. 심리학자들은 이를 가리켜 유아 기억상실childhood amnesia이라고 부릅니다. 유아기 때의 일을 기억상실증에 걸린 환자처럼 떠올리지 못하는 것입니다.

그러나 용어만 그렇게 부르는 것이지 진짜 기억상실은 아닙니다. 이러한 현상이 나타나는 이유는 유아기 때의 기억 방식과 성장하면서 갖게 되는 기억의 방식이 다르기 때문입니다. 성인들은 일어난 상황들의 순서대로 정리를 해서 뇌에 '저장'하지만 유아 때는 어른들과 같은 방식으로 기억을 저장하는 것이 아니라 감각적으로

만 받아들이는 '체득' 방식을 취하게 됩니다.

아이들의 경우 이해력이 아직 발달하지 않았기 때문에 이렇게 기억을 저장하게 되는데요. 논리적이고 순서에 맞게 저장하지 못하고 그저 느끼는 대로, 보이는 대로 상황을 저장할 뿐입니다. 그래서 어린아이들에게 어떤 상황이나 사건에 대해서 물어보면 시간의 순서와 상관없이 뒤죽박죽 생각나는 대로 답하는 모습을 보이게 됩니다.

처음 가본 장소인데도 왠지 친숙하게 느껴지고 언젠가 한 번 와본 것처럼 느껴지는 장소에 대한 경험이 있을 것입니다. "어, 여기는 처음 와본 것 같은데, 왜 이렇게 익숙하고 아는 곳 같지?"라고 말이지요. 그런 경우 대부분 아주 어릴 때 와 봤던 장소일 가능성이 큽니다. 이와 같은 기억을 인지기억이라고 하는데, 유아기에 경험한 내용이 인지적인 기억의 형태로 남아 있는 것입니다.

이런 방식으로 유아기에는 감각기관을 통해서 맛, 냄새, 느낌, 보이는 이미지 등을 경험하고 이것이 정보가 되어 뇌세포에 전달이 됩니다. 그리고 난 뒤 비슷한 경험을 또다시 하게 되면 관련되어 있는 뇌세포의 시냅스로 연결되는 것입니다. 이러한 시냅스가 계속 연결되면서 뇌의 기능이 발달하게 되는 것이고요.

결국 유아기 때의 모든 경험은 기억을 못할 뿐이지 사라진 것은 아닙니다. 뇌의 어딘가에 체득된 그대로의 상태, 감각의 상태로 계속 남아 있는 것이지요. 긍정적인 정서가 담긴 기억이 중요하다고 말하는 이유가 여기에 있습니다. 부모님과의 추억과 어릴 때 했던 일들을 아이들이 모두 기억하거나 떠올리지는 못하지만, 뇌의 어딘가에 남아 있습니다. 엄마, 아빠와 즐겁게 놀았던 놀이가 무엇인지 기억하지 못해도 깔깔거리며 웃었던 기억의 장면이 잔상처럼 남아 있게 되는 것입니다. 이처럼 어릴 때의 기억은 사라지는 것이 아니라 계속 남아서 우리의 삶을 지배하기 때문에 어떤 정서의 기억이 남아 있는가가 아주 중요하다고 말할 수 있겠습니다.

감정도 공부다

안정적이고 따뜻한 엄마 아빠의 목소리와 아기에게 보여준 말이나 행동의 반응, 즐겁고 재미있는 놀이, 맛있는 음식 냄새, 배부르게 먹었을 때의 포만감 등등은 우리 기억 속에 남아 있게 된다고 말씀드렸죠. 그리고 이렇게 남아 있는 기억들은 하나하나 의식하지는 못하지만 다른 사람을 만날 때 혹은 새로운 일을 하게 되었을 때 부지불식간에 영향을 끼치게 됩니다.

예를 들면, 어떤 사람은 새로운 일을 배우게 되거나 새로운 사람을 만나면 즐겁고 행복하다고 생각할 수 있습니다. 반대로 어떤 사람은 새로운 사람을 만나고 배우는 것을 경험하는 자체가 부담스럽고 불안하다고 말합니다. 어떤 연구자들은 이러한 차이를 성격 혹은 성향으로 설명하기도 합니다. 외향적인 사람은 새로운 일이나 사람을 좋아할 것이고, 내향적인 사람은 새로운 사람, 새로운 장소를 부담스럽고 친숙하고 익숙한 일, 사람을 편하게 느낄 것이라고 유추하는 것입니다.

그러나 외향적인 사람이라 해도 새로운 것을 별로 좋아하지 않을 수도 있고 내향적인 사람이라 해도 새로운 경험을 좋아할 수도 있습니다. 성격, 성향 때문이라는 주장만으로는 이러한 현상을 설명하기가 어려울 수 있는 것이지요. 유아기의 경험과 기억에서 그 차이를 찾는 것이 보다 설득력 있는 설명으로 보일 수 있습니다.

어린 시절에 긍정적인 경험을 많이 하게 되면 이 정보들이 뇌세포에 전달되고, 이후에 비슷한 경험을 하게 되면 이전에 형성되어 있던 시냅스를 통해 정보를 교환하면서 관련된 기억을 불러내게 되는 것이지요.

어릴 때 엄마 아빠와 함께 즐거운 경험을 많이 하고 편안한 감정 상태를 충분히 느끼면서 성장했다면, 이후에 다른 사람들과 관계를 맺을 때도 긍정적인 감정과 정서를 갖게 되는 것입니다. 반대로 냉담한 엄마 아빠의 반응, 혼자 남겨진 상태의 불안감, 배고픔이나 불편함, 안락하지 않음 등 부정적인 정서를 많이 경험한 아이들은 자라면서 지속적으로 그러한 정서의 지배를 받게 되는 것입니다.

부정적인 정서를 많이 경험한 아이들은 뇌에서도 부정적인 물질이 방출되는데 대표적인 것이 바로 스트레스 호르몬인 코티졸입니다. 불안감, 짜증, 분노, 불쾌함 등의 감정을 느끼면 바로 스트레스 호르몬인 코티졸이 방출되어 아이의 뇌에 그대로 전달이 됩니다. 스트레스 호르몬인 코티졸은 불쾌하고 부정적인 감정 상태를 느끼게 하고, 기억 장치인 해마의 뇌세포도 망가지게 만듭니다. 그리고 뇌세포 연결망인 시냅스가 만들어지고 발달하는 과정을 방해하기도 하고요. 이렇게 되면 전두엽의 기능도 약화되겠지요. 결국 정서를 관리하고 조절하는 능력을 갖추지 못하게 되는 것입니다. 어릴 때부터 긍정적인 감정을 많이 경험해 보지 않은 아이가 감정 조절이 잘 되지 않는 것도 코티졸의 영향과 관련이 있다고 말할 수 있겠습니다.

아이의 정서지능을 발달시킬 수 있는 가장 좋은 방법은 긍정적인 감정을 경험할 수 있도록 하는 것입니다. 부모님의 따뜻하고 온화한 목소리, 즐거운 노래 부르기, 꼭 끌어안아주기, 쓰다듬어주고 어루만져주기, 기분 좋은 냄새를 맡고 맛있는 음식 먹기 등으로 아이가 행복한 감정을 느낄 수 있습니다.

또한 자녀가 자신의 감정을 조절할 수 있는 기회를 주되 아이의 수준에 맞게 긍정적인 방향으로 제시해 주시면 좋습니다. '자고 싶다', '먹고 싶다'라는 욕구를 느끼는 시상하부는 생후 6개월부터 발달하지만, 그런 욕구를 억제하고 통제하는 영역인 전전두엽의 시냅스 형성은 만 3세부터 발달하기 시작합니다. 그러므로 아이가 자신의 감정과 욕구를 참아보는 연습이 가능해질 수 있답니다. 단, 이런 연습은 긍정적이면서도 아이의 수준에 맞아야 한다는 것을 기억해 주세요.

자기조절, 의지 등에 대하여 오랫동안 연구해 온 미국의 심리학자인 로이 바우마이스터_{Roy F. Baumeister} 교수는 "인간의 자기조절능력은 근육과 같아서 자기수준에 맞게 지속적으로 사용하면 할수록 단련될 수 있다"고 말했습니다. 즉, 아이가 참을 수 있는 정도의 자기조절능력을 연습한다면 성장할 수 있다는 의미입니다. 아이 수준에서 너무 힘들게 참아야 한다거나 해내기 어려운 강도라고 한다면 아예 시도조차 하지 않을 수 있습니다. 예컨대 놀기 좋아하는 어린아이에게 "이 책 다 읽어야 놀 수 있어!"라는 것은 너무 어렵고 힘든 일입니다.

우리 아이들의 정서조절을 길러주기 위해서는 참고 기다렸을 때 주어지는 결과가 분명해야 하고, 언제까지 기다려야 하는지 구체적으로 말해주는 게 좋습니다. 예를 들어 놀아달라는 아이에게 "엄마 바쁘니까 저리 가서 기다리고 있어"라는 표현보다는 "이 시계가 여기까지 도착할 때까지 기다려줄래? 그때 놀이터 가자"라는 표현이 구체적이고 분명하지요. 아이 수준에서 참을 수 있는 작은 습관부터 연습하면 그것이 모여서 정서조절능력의 근육이 만들어지는 것입니다.

엄마와 아이의 기분을
다스리는 긍정훈육법

감정 전염

애착은 아이와 양육자 사이에 형성되는 정서적 유대감을 의미합니다. 둘 사이에 애정, 사랑, 친밀함, 따뜻함 등의 긍정적인 정서가 관계를 형성하면 그게 바로 애착이라고 말할 수 있습니다. 첫 애착 관계를 얼마나 애정적으로 잘 형성했는가는 아이가 이후에 인간관계를 형성하는 데 있어서 중요한 역할을 하게 됩니다. 애착관계 형성의 결정적 시기는 출생부터 3세 정도까지입니다. 이 시기에 양육자와 아이가 따뜻한 애정관계를 형성하면 건강한 정서가 형성되고 각인되며 인간관계에 대해서도 긍정적인 감정을 갖게 됩니다.

애착과 정서발달 관련 연구들을 살펴보면, 부모 특히 엄마의 정서가 아이에게 아주 중요한 것으로 나타나고 있습니다. 엄마가 우울하고 짜증을 잘 내면 자녀도 엄마와 마찬가지로 다른 사람을 대할 때 짜증 섞인 반응을 할 가능성이 많다고 합니다. 이와 반대로 엄마가 따뜻하고 자상하며 긍정적인 정서반응을 보일 경우, 자녀도 유사한 정서반응을 보일 가능성이 높다고 합니다.

애착은 어떻게 만들어질까?

출생부터 3세까지는 애착 발달의 결정적 시기라고 말씀을 드렸습니다. 이때 아이가 접하게 되는 주된 정서는 주로 양육자나 엄마를 통해 느끼고 형성이 됩니다. 엄마가 보여주는 정서적 표현과 반응을 그대로 자녀가 학습하고 기억에 각인이 됩니다. 애착이 만들어지는 과정을 연구한 대표적인 학자는 의사이면서 심리학자였던 존 보울비John Bowlby였습니다. 보울비는 엄마와 아기의 애착을 인간에게서 나타나는 종 특유의 행동으로 보고 아기와 엄마가 애착을 형성하는 과정을 관찰한 후 다음과 같은 4단계로 구분을 했습니다.

- 1단계 애착 전 단계(출생~6주) : 아직 애착이 형성되지 않은 단계입니다.
- 2단계 애착 형성 단계(3~6개월) : 엄마가 아기에게 보이는 애정적 행동과 정서적 반응을 통해 애착이 형성되어가고 있는 단계입니다.
- 3단계 애착 단계(6~18개월) : 애착이 완전히 형성된 단계입니다.

- 4단계 상호 관계형성 단계(18~24개월) : 엄마와 안정적이고 따뜻한 애착을 형성한 아이가 안정적이고 따뜻한 행동을 보이면서 엄마와 상호작용하는 단계입니다.

엄마처럼, 아빠처럼

애착이 왜 중요할까요? 애착은 아기가 성장하면서 다른 사람과 인간관계를 맺는 방식을 결정하는 열쇠가 될 뿐만 아니라 아기의 정서와 지능발달에 있어서도 핵심적인 역할을 하기 때문에 중요합니다. 만약 누군가 친한 사람에게 배신을 당하게 되었다고 가정해 보지요. 그런 경험 후에는 새로 알게 된 사람이 자신을 배신한 사람과 조금이라도 비슷한 특징을 보일 때 '뭐야, 저 사람도 사기꾼 아니야? 생긴 것도 그렇고, 말하는 것도 비슷하네. 음… 가까이 하면 안되겠어'라고 생각할 수 있습니다. 이와 비슷하게 아기도 태어나서 처음 맺은 인간관계인 부모님과 어떤 애착관계를 형성했는가에 따라 이후의 인간관계도 비슷한 모습을 보일 수 있습니다. 아기는 연령이 증가하면서 다른 사람을 만나게 되었을 때 엄마와 관계를 맺었던 방식으로 행동하고 인간관계에 대한 감정과 정서도 비슷하게 생각하고 유지할 가능성이 있습니다.

말씀드린 바와 같이 엄마와의 애착관계가 안정적인 아기는 다른 사람들과 관계를 맺을 때 신뢰를 갖고 안정적으로 관계를 유지하는데요. 생후 3개월부터 형성되기 시작하는 아기의 애착은 엄마가 아이에게 보여주는 행동과 정서에 따라 만들어집니다. 아기가 자신의 불편함과 불쾌함을 울음으로 표현할 때 엄마가 따뜻하게 반응하면서 아기의 욕구를 해결해 줄 때 아기는 엄마, 더 나아가서 인간에 대해 신뢰감을 느끼고 안정감을 느끼게 됩니다.

그러나 아기가 아무리 울어도 엄마가 본 척도 안 하면서 냉담한 반응을 보이거나 어떤 때는 신경질적이었다가 어떤 때는 따뜻한 반응을 보이는 등 비일관적으로 행동하면 아기는 이러한 관계에 대하여 불안감을 느끼고 불안정한 애착을 형성하게 됩니다. 엄마와 불안정한 애착을 형성한 아기는 다른 사람들을 대할 때 불안감과 공포, 두려움을 갖게 될 수 있고 인간관계에서 인간미나 따뜻한 감정이 배제된 관계를 형성할 수도 있습니다.

부모님과 안정적인 애착관계를 형성하지 못하고 일관적인 돌봄을 받지 못해서 느끼게 되는 부정적인 정서로 인해 아이는 스트레스를 느끼게 됩니다. 스트레스 호르몬은 쾌감을 느끼는 신경전달물질인 도파민이 분비되는 것을 방해하고, 기억세포인 해마가 코티졸을 흡수하면서 해마의 뇌세포를 손상시키기도 합니다.

결정적 시기에 형성된 아이의 애착은 시간이 아무리 흘러도 그 성격이 바뀌지 않습니다. 따라서 아이에게 어떤 행동과 반응을 보여야 하는지 부모님들께서 신중하게 생각해 보시면 좋겠습니다.

애착의 4가지 종류

애착의 중요성을 보시고 나니 '나는 과연 우리 아이와 어떤 애착 관계를 맺고 있을까?' 하는 궁금증이 생기실 것 같습니다. 애착관계에도 여러 유형이 있습니다. 이를 처음으로 연구한 사람은 미국의 심리학자 에인스워스Ainsworth이고요. 그가 엄마와 자녀의 애착유형을 파악한 실험과 애착유형에 대해서 말씀드리도록 하겠습니다.

에인스워스의 애착관계 실험

에인스워스는 자녀가 낯선 상황에서 아이가 어떤 반응을 보이는지, 낯선 상황이 진행됨에 따라 보이는 행동들은 어떻게 다른지를 살펴보고 애착관계의 유형을 구분하였습니다. 먼저 자녀가 맞닥뜨리게 되는 낯선 상황에 대한 실험은 다음과 같은 절차로 진행되었습니다.

이 실험에서 아이는 계속해서 불안한 상황에 놓이게 되지요. 낯선 장소, 낯선 사람, 그리고 엄마가 나가면서 아이는 불안감을 느끼게 됩니다. 이런 상황 속에서 아이가 어떤 반응들을 보이는가를 살펴보면 아이의 애착 유형을 알아낼 수 있습니다. 에인스워스는 이 실험을 엄마와 자녀를 대상으로 했지만, 이러한 애착관계는 부모님 모두에게 해당하고 주 양육자와의 관계도 동일하게 생각하시면 됩니다. 그러면 에인스워스가 밝힌 네 가지 애착 유형을 알아보도록 하겠습니다.

순서	실험 내용	관련 애착 행동
1	실험자가 엄마와 아이를 놀잇감이 많이 있는 실험실로 안내합니다.	
2	아이가 장난감을 가지고 노는 동안 엄마는 곁에 앉아 있습니다.	안전기지로서 엄마
3	낯선 사람이 실험실에 들어와 엄마와 이야기를 나눕니다.	낯선 사람에 대한 반응
4	엄마가 방을 나가고 낯선 사람이 아이에게 말을 걸거나 다가갑니다. 아이가 불안해하면 달래줍니다.	분리불안
5	엄마가 돌아와 아이를 반갑게 부릅니다. 낯선 사람이 실험실을 나갑니다.	재결합 반응
6	엄마가 실험실을 다시 나갑니다.	분리불안
7	낯선 사람이 다시 들어와 아이를 다시 달래줍니다	아이가 낯선 사람에 의해 진정되는 정도
8	엄마가 돌아와 아이를 반갑게 부릅니다. 아이의 관심을 장난감으로 유도합니다.	재결합 반응

1. 엄마는 나의 안전기지예요 : 안정 애착형

엄마와 아이 사이에 건강하고 안정적인 애착관계가 형성되었다면 다음과 같은 특징을 보입니다.

① 아이는 낯선 상황에서 엄마가 곁에 있으면 엄마와 쉽게 떨어져 주위를 탐색합니다.

② 아이가 혼자 있게 되거나 낯선 장소에서 낯선 사람과 함께 있으면 불안해하는 반응을 보이기도 합니다. 불안해 보이는 것은 혼자 있어서라기보다는 엄마와 떨어져 있기 때문인 것으로 보입니다. 낯선 사람이 나타나면 더욱 불안해하며 장난감을 가지고

놀지도 않습니다.

③ 낯선 사람이 달래줄 때 진정되는 것처럼 보일 수 있지만 낯선 사람보다 엄마에게 분명하고 확실하게 반응하며 관심을 보입니다.

④ 엄마가 다시 돌아오면 웃거나 약간 울기도 하면서 반갑게 맞이하고 안심을 합니다. 또한 다시 돌아온 엄마에게 안기면서 신체적 접촉을 통한 안정감을 얻습니다.

⑤ 재결합 장면에서 엄마를 피하거나 저항하는 행동은 보이지 않습니다.

⑥ 엄마의 등장 이후 빠르게 안정을 되찾고 다시 장난감을 가지고 놉니다.

2. 나는 엄마가 있어도 없어도 상관없어요 : 회피 애착형

① 엄마에게 별다른 반응을 보이지 않습니다. 엄마가 실험실을 나가기 전에도 엄마와 거의 접촉을 하지 않습니다. 엄마가 주변에 있는지 살펴보지도 않습니다.

② 뭔가 필요한 것이 있을 때만 엄마를 찾습니다.

③ 엄마가 실험실을 나가도 울지 않고 찾지 않습니다. 불안해 보이는 것은 엄마가 안 보여서가 아니라 혼자 있어서 그런 것으로 보입니다. 낯선 사람이 실험실로 들어와 둘만 있어도 별로 불안해하지 않습니다.

④ 엄마가 실험실로 돌아왔을 때도 별 반응이나 관심을 보이지

않습니다. 엄마와 친밀한 관계를 보이지 않으며 낯선 사람에게
도 비슷한 반응을 보입니다.

⑤ 엄마가 아이에게 다가가려고 하면 아이는 다른 방향으로 몸
을 돌리고 안기는 것을 좋아하지 않습니다.

3. 엄마와 죽어도 떨어지지 않을 거야 : 저항 애착형

① 낯선 장소에서는 엄마와 같이 있어도 불안해합니다. 불안의
강도가 심해 보이고 장난감을 봐도 관심을 갖지 않습니다.

② 다른 애착 유형의 아이들에 비해 화를 잘 내고 엄마에게서 떨
어지지 않으려 하면서 수동적으로 행동합니다.

③ 엄마가 실험실을 나가기 전에 들어온 낯선 사람과 상호작용
을 하지 않으려고 합니다.

④ 엄마가 사라지면 심하게 불안해하고 우는 행동을 보입니다. 낯
선 사람에게 극도의 공포 반응을 보이기도 합니다. 때로는 심하게
화를 내고 발로 차려고 하며 바닥에 엎드려 엉엉 울기도 합니다.

⑤ 엄마가 다시 돌아오면 안겨서 울지만 안정을 찾기보다는 분
노를 표현하며 엄마를 때리고 밀어내는 양면성을 보입니다. 이
후에는 더욱 엄마에게서 떨어지지 않으려 하고 장난감에도 관심
을 보이지 않습니다.

4. 엄마에 대한 내 마음은 종잡을 수 없어요 : 혼란 애착형

① 회피 애착과 저항 애착이 결합된 형태로서 회피 애착형이나

저항 애착형 중 어느 한쪽에도 포함되지 않는 유형입니다.

② 낯선 상황에서 극도로 불안해하고 엄마가 돌아왔을 때 상반된 행동을 동시에 보이거나 잇따라 보입니다. 예를 들어 매우 강한 분노를 표현하다가 갑자기 엄마를 회피해 버리거나 냉담하게 대합니다. 또한 엄마가 돌아왔을 때 엄마에게서 떨어지지 않으려는 행동을 보이다가 갑자기 얼어붙은 표정으로 엄마를 바라보고 엄마가 안아줘도 반응을 보이지 않습니다.

③ 엄마가 아이를 부르거나 접근했을 때 강한 두려움이나 불안 증세를 보이기도 하고, 갑자기 몸의 방향을 돌려 도망가거나 손을 입에 넣는 행동을 보이기도 합니다.

이와 같은 유형 중 첫 번째 유형인 안정 애착형을 제외한 나머지 세 가지 유형은 모두 불안정한 애착 유형이라고 할 수 있습니다. 애착 유형에 대해서는 많은 연구들이 오랫동안 이어오고 있는데요, 연구 결과 중에서 가장 충격적이고 흥미로운 점은 이런 애착 유형들이 세대와 세대로 이어진다는 것입니다. 다시 말하면, 할머니와 부모님과의 애착 유형과 부모님과 그 자녀의 애착 유형이 거의 일치한다는 말입니다. 그래서 할머니와 부모님이 안정적인 애착 유형을 맺었다면, 부모님과 자녀의 애착 유형도 안정형일 가능성이 높다는 말이지요. 부모님과 자녀가 안정적인 애착 유형을 형성하지 못하면 이후 자녀가 성장해서 부모가 되었을 때도 영향을 주어 자녀를 대하는 데 어려움을 느끼게 되고 애착관계를 형성하는 데에도 불안정한 유형이 된다는 것이지요. 실제로 부모에게 학대받고 방임된 채 성장한 아이는 자신이 받은 관계의 방식을 똑같이 자녀들에게 반복하는 경향이 있습니다. 애착유형이 반복된다는 결과, 무서운 일입니다.

안정적인 애착관계를
만드는 방법

애착은 세상에 태어나 스스로 아무것도 할 수 없는 상태의 아기가 생존하는 데 절대적으로 필요한 것입니다. 부모님이 아기에 대한 애틋한 사랑과 애정이 없다면, 아기가 무엇을 원하고 그것을 어떻게 해결해 줘야 하는지에 대해 관심이 없을 것입니다. 아기와 부모님 사이에 애착관계가 형성되었기 때문에 부모님은 너무 피곤해서 곯아떨어졌다가도 아기의 울음소리에 자동으로 눈이 떠지게 되지요.

부모님과의 애착은 생애 초기에는 생존을 위해서 필요하지만, 점차 성장하게 되면서부터는 인지, 정서, 사회성 발달에 더 중요한 영향을 미칩니다. 어렸을 때 부모에게 따뜻한 사랑과 돌봄을 받고 자란 아이는 인지적으로도 건강하게 발달하는 모습을 보입니다. 대표적인 연구가 워싱턴 의대에서 실행한 연구인데요. 연구팀에서는 자녀와 부모님과의 스킨십이 어떤 영향을 미치는지 살펴보았습니다. 자녀의 뇌를 먼저 촬영하여 해마가 잘 발달하여 기억력이 좋은 아이들을 구분하고, 아이들과 부모님과의 관계에서 나타나는 특징들을 연구해 보니 기억력이 좋은 아이들일수록 부모님과의 스킨십과 애착행동을 많이 했다는 것입니다. 이를 접촉위안contact comfort이라고 합니다. 부모님과 자녀가 접촉을 많이 했을 때 정서적으로 안정이 되고 긍정적인 기분이 형성되어 이것이 뇌에 그대로 전달되고 기억력과 관련된 해마의 뇌세포를 더욱 발달하게 만든다는 설명입니다.

그러나 학대받고 방치되어 사랑을 받지 못하고 어린 시절을 보낸 아이의 뇌는 제대로 성장하지 못하게 만든다고 합니다. 접촉위안과 반대로 부정적인 감정과 불안정한 정서는 스트레스를 유발하고 스트레스 호르몬인 코티졸이 분비되면서 뇌세포를 망가뜨리게 되는 것이지요. 인지적 발달을 방해하는 것은 물론이고요. 부모님과의 안정적인 애착관계가 형성된 아이는 성장하면서 자신감을 갖고 세상을 탐색하고 사람들과의 관계도 건강하다는 연구 결과는 상당히 많습니다. 또 학교에 들어가서 좌절이나 실패를 경험해도 도전의식으로 잘 이겨낸다고 합니다.

시간에 쫓기지 말 것

최근 사회적 변화로 인해 맞벌이 부부가 많아지고 사회활동으로 인해 육아에 많은 시간을 쏟지 못하는 부모님들이 많습니다. 자연스럽게 부모님들과 자녀가 함께 보내는 시간이 부족해서 혹시라도 아이와의 애착 형성에 문제가 생기고, 자녀의 정서, 인지발달이 늦어지는 것은 아닐까 고민을 느끼기도 합니다.

그러나 애착 형성은 자녀와 보내는 절대적 시간의 양에 따라 결정되지 않습니다. 그보다는 부모님과 자녀와 함께 있을 때 어떻게 상호작용하는가가 더 중요합니다. 아래 두 명의 엄마를 한번 살펴볼까요.

첫 번째 엄마는 아기 울음소리가 나면 바로 아기에게로 달려가 따뜻한 미소를 지으며 "우리 예쁜 아가, 어디가 불편해? 기저귀가 젖었어? 아니면 배가 고픈 거야?"라고 부드럽게 말을 걸면서 이리저리 살펴보고, 안아주고, 달래줍니다. 아기와 함께 있을 때는 자주 쓰다듬어주고, 노래도 불러주고, 엄마의 목소리로 이런저런 이야기를 들려주기도 합니다. 일이 많아 몸이 힘들고 피곤할 때도 많지만 아기에게 늘 한결같은 모습으로 대하려고 노력합니다.

두 번째 엄마는 아기의 울음소리가 들려도 아기에게 바로 달려가지 않을 때가 많습니다. 몸이 피곤하고 지칠 때는 우울한 기분까지 들어 아무런 생각도 안 나고 몸도 움직여지지 않습니다. 그러다가 '이러면 안 되지, 그러지 말아야지'라는 생각에 아기를 돌보기도 하지만 컨디션이 안 좋으면 아기가 지쳐서 스스로 울음을 그칠 때까지 내버려둘 때도 있습니다.

두 엄마의 반응은 어떤 결과로 이어질까요? 일관적이면서도 따뜻한 돌봄을 받은 아이는 긍정적인 정서의 상태가 계속 유지되고, 스스로를 돌봄을 받을 만한 가치가 있는 사람으로 평가하게 됩니다. 이에 반해 일관적이지 않은 반응과 방치 속에 자란 아이는 자신의 욕구가 제대로 채워지지 않은 상태가 계속되면서 부정적인 정서가 자라나고 자신을 보살핌을 받을 가치가 없는 사람으로 평가하게 되는 것이고요.

이와 같이 서로 다른 아이의 성장은 아기에게 반응하는 부모님의 태도에 따라 결정됩니다. 아기에게 따뜻한 반응을 보여주고, 안아주며, 눈을 맞춰주고, 옹알이에 대답해 주는 행동들이 안정적인 애착 유형을 이끌어주는 것이지요.

물론 안정적인 애착 유형이 하루 종일 아기와 함께 있어야 만들어지는 것은 아닙니다. 맞벌이 부모님들이 갖고 있는 불안감 중 하나는 아이와 함께 보내는 시간이 짧고 부족해서 자녀가 정서적으로 불안하게 될까 봐 고민을 하시게 되고요. 그러나 안정적인 애착 유형을 결정하는 것은 관계의 질이지 함께 보내는 시간의 양이 아니랍니다. 아기와 오랜 시간을 지내도 무반응으로 대하거나 일관적이지 않은 태도를 보이면 불안정한 애착 유형이 형성됩니다.

아이의 뇌가 울고 있다

어른들이 그런 말씀을 하십니다. "밭 맬래, 애 볼래? 하고 물으면 밭 맨다고 한다"고 말이지요. 아이를 양육하는 일이 밭을 매는 것보다 고되고 힘들다는 의미이겠지요. 또한 부모도 감정을 가진 인간인지라 반복적으로 떼를 쓰고 제멋대로 행동하는 자녀를 보면 화가 복받쳐 오르기도 합니다. 그럼에도 불구하고 우리는 부모이기에, 그리고 어른이기에 조금 더 참고 인내해야 할 필요가 있을 것 같습니다. 어린아이들은 아직 자신의 감정이나 행동을 통제하고 상황에 맞게 적절하게 행동할 만큼 성숙한 뇌를 가지고 있지 못하니까요.

최근에 발표한 연구 결과를 살펴보면, 우리가 부모로서 감정적으로 자녀를 대하는 것에 대하여 생각해 보게 합니다. 캐나다 몬트리올 대학교와 미국 스탠포드 대학교 연구팀은 감정적이고 혹독하게 자녀를 양육할 때 자녀의 뇌에 어떤 영향을 미치는지 알아보고자 연구를 진행했습니다. 몬트리올 대학교 부속 기관인 CHU 세인트 저스틴 어린이 병원에서 태어난 아이들 1,761명을 대상으로 10년 넘게 연구를 실시했는데요. 연구팀은 2세부터 9세까지 매해 부모의 양육방식과 아이의 불안 수준을 조사했습니다. 그 후 몬트리올 대학교의 사브리나 서프렌Sabrina Serpren교수팀은 연구 대상 아이들이 12세에서 16세가 되었을 때 이들의 불안 수준과 MRI를 촬영하여 뇌의 상태를 살펴보았습니다. 놀랍게도 혹독하고 엄격한 양육을 받은 아이들은 그렇지 않은 아이들에 비해 전두엽과 편도체의 부피가 적은 것으로 나타났습니다. 전두엽은 사고, 판단, 감정 조절, 인지, 고등 사고 기능 등을 담당하고, 편도체는 감정 정보가 통합되고 발생되는 중요한 중추 기관이지요. 이런 아이들의 특징 중 하나가 불안 수준이 매우 높다는 것이었는데요. 부모가 고함을 지르거나 화를 자주 내고 체벌도 자주 하면서 매우 엄격한 규칙을 지킬 것을 강요하는 경우, 어린 자녀는 불안을 느끼고 이것이 스트레스를 유발하면서 뇌에 부정적인 영향을 미치게 된다고 연구팀은 주장하였습니다.

1세부터 시작되는 유아기의 어린아이들은 아직 규칙이 무엇인지, 어떤 행동을 해야 할지에 대한 지식이 전무한 상태입니다. 이렇게 어린 자녀를 훈육할 때 소리를 지르거나 심하게 체벌할 경우 아이들은 영문도 모른 채 불안과 공포를 학습하게 되지요. 이것은 이후에 대인관계에도 영향을 미치게 되고요. 그러므로 어린 자녀를 훈육할 때에는 자녀의 수준에 맞게 이해할 수 있는 표현을 활용하여 반복적으로 타이르고 설명해 주는 인내심이 필요합니다.

부모의 애착이 뇌에 끼치는 영향

몇 해 전 미국 UCLA대학의 심리학 연구팀에서 충격적인
연구 결과를 발표했습니다. 정상적인 부모의 애정과 돌봄
을 받고 자란 아이의 뇌와 부모 혹은 양육자로부터 학대
혹은 방임되어 제대로 사랑을 받지 못하고 자란 아이의 뇌
사진을 비교 발표한 것입니다.

어릴 때 부모의 사랑을 듬뿍 받으며 안정적인 애착관
계를 맺은 아이들의 뇌는 왼쪽 뇌처럼 제대로 발달하는 것

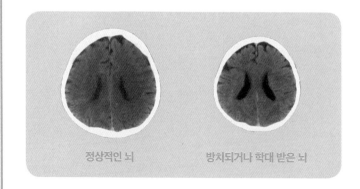

정상적인 뇌   방치되거나 학대 받은 뇌

으로 나타났습니다. 그러나 학대와 멸시를 받으며 성장한 아이의 뇌는 오른쪽 그림처럼 어두운 부분이 많았습니다. 까맣게 된 부분은 시냅스가 거의 만들어지지 않은 것을 보여주고 있는데, 특히 정서가 발생하는 변연계 부분이 심각하게 손상된 것으로 나타났습니다.

연구팀은 이 경우 마약이나 범죄 등에 빠지기 쉽고 사회생활을 하는 데 심각한 문제를 일으키거나 정신질환 등을 유발할 위험성도 높다고 밝혔습니다.

이 연구에 참여한 알렌 쇼어Allan Schore 박사는 "부모의 사랑과 따뜻한 돌봄은 안정적인 애착관계를 형성하게 할 뿐만 아니라 아이의 뇌를 안정적이고 긍정적인 상태로 만들어 발달을 촉진시키며, 이는 생후 2년 동안이 가장 중요한 것으로 보인다"라고 말했습니다. 생후 2년 동안 부모가 아이에게 사랑을 주고 안정적인 애착을 형성하지 못하면, 아이의 뇌발달에 근본적인 문제가 생겨서 더 이상 발달이 이뤄지지 않는다는 의미입니다.

존중과 기다림

유아가 2세 정도 되면 자아가 형성되기 시작하면서 자기 주장을 하기 시작하게 됩니다. 그 증거가 바로 "아니야", "싫어", "내가 할 거야", "내 거야"라는 말을 유독 많이 하는 것입니다. 위험해 보여서 손이라도 잡아줄라치면 냅다 뿌리칩니다. 이러한 모습은 자신과 타인을 구분하기 시작하면서 스스로 행동하고 결정하려는 자율성과 독립성이라는 심리적 특성이 형성되기 때문입니다.

그런데 이 시기에 아이들은 많이 다치기도 합니다. 아직 근육 발달이 미숙하고 인지적인 판단능력도 발달하지 않았는데, 마음만 앞서게 되면서 나타나는 현상인데요. 뭐든지 궁금해하면서 덥석덥석 만져보고, 입으로 가져가고, 만져보려고 다가갑니다. 그런 모습을 보면 당연히 부모님이나 양육자는 "안돼!", "그만해!", "너 혼날래?", "하지 마!"라는 말과 함께 제지하게 되지요.

자녀가 위험해지지 않도록 보호해야 하니 그렇게 말씀하시는 것은 어쩌면 당연합니다. 그런데 이때 부모님과 양육자가 조금만 마음의 여유를 가지고 훈육을 하시면 자녀의 자율성과 독립성을 성장하게 할 수 있습니다. 그 방법의 하나가 바로 긍정훈육법입니다.

긍정훈육법은 자녀의 수준에 맞추어서 자녀를 존중하고 자녀와 협력하는 양육법이라고 볼 수 있습니다. 위험한 행동을 많이 하는 유아기 자녀의 모습을 보고 나도 모르게 화를 내거나 벌을 주실 때도 있는데요. 그런 뒤 부모님 혹은 양육자는 자책과 후회를 하는 악순환을 겪게 됩니다. 이런 고리를 끊고자 제안된 것이 긍정훈육법입니다.

긍정훈육법은 인간의 자율과 성장 의지를 가장 중요하게 여기는 아들러 심리학으로부터 출발합니다. 누구나 존중받아 마땅한 존재이며 스스로 결정하고 책임질 수 있는 능력을 가지고 있다고 보는 관점이지요. 그 대상이 아주 어린아이일지라도요. 긍정훈육을 성공하기 위해서 중요한 것은 부모님과 양육자가 자녀의 수준을 잘 이해해야 합니다. 그렇다면 어떻게 긍정훈육법을 실행할 수 있을까요? 긍정훈육법의 원칙을 말씀드리면 첫 번째 지시하거나 명령하지 않는 것입니다. 어린아이라고 해도 지시하지 않고 격려하는 말로 표현하고, 자녀가 행동을 선택할 수 있도록 기다려주는 것입니다. 예를 들어, "나가야 되니까 빨리 옷 입어!" 대신에 "우리 외출하려면 뭐부터 해야 할까?"라고 해주시고 "네가 갖고 논 장난감 정리해!" 대신에 "우리 이제 다 놀았는데 그럼 우리가 해야 할 일은 뭐지?"라고 질문하시는 것입니다.

물론 이렇게 하는 것은 정말 어렵고 힘든 일입니다. 때로는 화가 폭발할 수 있습니다. 그렇다고 해도 중요한 것은 자녀가 자신이 존중받고 있다고 느끼는 것입니다. 이것이 긍정훈육법의 핵심이고 반복해서 노력하는 수밖에 방법이 없습니다. 그렇지만 자녀가 다른 사람을 존중하고 배려할 줄 아는 성숙하고 훌륭한 어른으로 자랄 수 있다면 충분히 가치 있는 도전일 것입니다.

긍정적 소통을 위한 4가지 지침

긍정훈육법으로 소통하는 방법에 대해서 조금 더 알아보
도록 할까요?

● 자녀의 수준에 맞게 대화 내용을 조절하기

유아기의 자녀와 대화할 때 가장 중요한 것은 자녀가
이해할 수 있는 수준의 표현으로 대화 내용을 전달하는 것
입니다. 유아는 인지발달 특성상 두 문장 이상의 내용을
말하면 핵심을 파악하기 어렵습니다. 만약 내용이 길어질
것 같으면, 핵심적인 내용을 시작과 끝에 다시 한번 반복
하는 것이 좋습니다. 예를 들어 "현민아, 장난감을 다른 사
람에 던지면 안 돼. 현민이가 그냥 놓으려고 한 것일 수 있
지만, 그렇게 하다가 다른 사람이 맞으면 많이 다칠 수도
있거든. 그러니까 장난감을 다른 사람에게 던지면 안 된단
다"라고 말입니다.

● 취조형이나 확인형 질문은 피하기

자녀가 이해했는지 확인하거나 자녀에게 의견을 물을 때 취조하거나 확인하듯 질문하는 경우가 있습니다. "엄마 말 이해했어, 못했어?", "그거 빨리 해야 돼, 안 해야 돼?", "친구를 때리면 돼, 안 돼?" 와 같은 질문은 대화의 내용보다는 감정만을 전달하게 됩니다. 즉, 자녀는 어떤 대답을 해야 할지 생각하기보다는 부모님이 화가 났다는 것만에 집중하게 되는 것이지요. 취조나 확인하는 질문보다는 전달하고자 하는 내용만 분명히 말하는 것이 좋습니다.

● 구체적으로 말하기

어린아이들는 뭉뚱그려서 표현된 말을 해석하기 어렵습니다. 자녀가 해야 할 일이나 행동이 있다면 매우 구체적으로 말해주어야 합니다. 가령, "얌전히 있어라", "예의 바르게 행동해라"라는 표현 대신에 "이 의자에 다리를 붙이고 앉아볼까?", "어른을 보면, 안녕하세요라고 배꼽인사

를 해야지"라고 표현하는 것이 구체적입니다. 또한, "지저
분한 방 좀 치워"보다는 "바닥에 있는 장난감을 바구니에
넣어보자"라는 표현이 좋습니다.

● 이런 말들은 안 됩니다

긍정훈육대화법의 핵심은 부모님과 양육자가 자녀를
존중하고 있으며, 그 마음을 이해하는 것입니다. 그러기
위해서는 조심해야 하는 말들이 있답니다.

- 공격적으로 명령하기: "징징대지 말고 저리 가!", "입
  다물어!" 등
- 비웃고 욕하기: "네가 그렇지 뭐", "뭐가 되려고 그러
  니", "하는 짓거리 하고는" 등
- 위협하기: "말 안 들면 버리고 갈 거야", "너 두고 봐",
  "망태 할아버지한테 데리고 가라고 할 거야" 등
- 심문하기: "내가 그렇게 하라고 했어, 안 했어?", "너
  누구 닮아서 그런 거야 대체. 대답해 봐" 등

말 잘하는
아이로 키우려면

1%의 차이

발음을 또박또박 잘하는 아이들을 보면 어떤 어르신들은 "혀가 긴 모양이구나. 그러니까 그렇게 말을 잘 하지"라고 말씀하십니다. 아주 틀린 생각은 아니라고 생각하는데요. 혀가 길다는 것은 그만큼 발음하기에 좋은 구강구조를 갖고 있다는 것을 의미할 수도 있으니까요. 그런데 아이가 언어를 잘 그리고 빠른 속도로 습득하기 위해서 구강구조만 잘 갖춰지면 되는 것일까요?

과거 영어에 대한 광풍이 불었을 때, 일부 부모님들이 아이가 영어를 잘하게 하려고 설소대 수술까지 감행한다는 끔찍한 뉴스가 보도되기도 했었습니다. 하지만 단지 구강구조만 바꿔준다고 해서 외국어를 잘 하고 언어 능력이 키워지는 것은 아니겠지요. 그렇다면 언어발달의 핵심은 무엇일까요? 그 해답은 바로 뇌와 관련이 있습니다. 인간의 뇌에는 언어를 습득하고 언어를 통해서 지식을 받아들이고 의사소통을 하게 하는 고유한 장치가 있습니다. 이러한 장치 덕분에 인간이 다른 동물과 다르게 살아가고 있는 것이지요.

언어, 왜 중요할까?

현존하는 지구상의 모든 동물들 중에 인간이 유일하게 말을 할 수 있고 언어라는 상징 도구를 가지고 있습니다. 인간에게 언어가 없었다면 어떻게 되었을까요? 지금 눈감고 한번 상상해 보시죠. 언어를 사용하지 않고 가족들에게 '밥 먹어'라는 표현을 어떻게 할 수 있을까요? 나의 의견과 생각을 다른 사람에게 어떻게 전달할 수 있을까요? 아마 인간이 언어가 없다면 다른 동물들과 별반 다르지 않았을 것입니다. 인간의 뇌가 지금처럼 발달할 수 있었던 것도 언어라는 도구가 있었기 때문입니다. 그렇다면 인간에게 언어는 왜 중요할까요?

첫째, 언어를 통해 자신의 욕구와 의도를 분명하게 표현할 수 있기 때문입니다. 현재 우리가 느끼고 있는 감정들을 언어를 이용하지 않고 표현할 수 있을까요?

인간에게 언어가 없다면 감정 상태를 표현하기는커녕 감정이 뭔지도 모를 것입니다. 언어를 갖고 있지 못한 동물들은 그저 몸이 반응하는 대로 행동합니다. 언어를 가진 인간만이 자신의 느낌, 경험,

생각을 구체적으로 정리할 수 있겠지요. 그리고 그에 따른 행동을 선택할 수 있습니다.

둘째, 다른 사람들과 의사소통을 하고 대인관계를 형성할 수 있기 때문입니다. "말은 마음의 심부름꾼"이라는 일본 속담이 있습니다. 말 혹은 글을 사용해 다른 사람에게 자신의 마음을 전달하고 상대를 이해하면서 관계를 형성해 나갑니다.

셋째, 언어를 통해 문화, 의식 등을 다음 세대나 다른 사회로 전달할 수 있기 때문에 언어는 중요합니다. 아이를 어떻게 키우는지, 김치는 어떻게 담그는지 등등을 알려주려면 말, 글과 같은 도구 외에는 효과적인 방법이 없겠지요. 아마 언어가 없었다면 문화, 의식 자체가 만들어지지도 않았을 것입니다.

인간은 언어를 가지고 있기 때문에 끊임없이 생각하고 무엇인가를 학습하며 세상을 받아들일 수 있습니다. 그리고 이러한 과정 속에서 더 똑똑해지고 진화하게 된 것이고요.

인간의 언어 DNA

21세기에 들어와 한국, 중국, 일본을 비롯한 각국의 유명 뇌과학자들이 모여 인간의 유전자인 게놈genome을 연구하는 대대적인 프로젝트를 진행했습니다. 그런데 이 연구에서 인간과 침팬지의 유전자 구조가 단 1퍼센트밖에 차이가 안 난다는 놀라운 사실이 밝혀졌습니다. 인간과 침팬지의 유전자 구조를 분석해 보니 98.75퍼센트가 일치한다는 것입니다. 놀랍게도 이 차이로 인해 인간은 침팬지와는 전혀 다른 삶을 살아가고 있습니다.

'1퍼센트 차이'의 핵심은 바로 언어 DNA였습니다. 뇌과학자들의 연구에 따르면, 폭스피2$_{FOXP2}$라는 언어 DNA의 차이가 언어를 가진 사람 혹은 침팬지를 결정한다는 것입니다.

이에 대해 영국 옥스퍼드대학 연구진과 독일 막스 플랑크 진화인류학 연구소에서 좀 더 정교한 연구를 수행했습니다. 그 결과, 715개의 아미노산 분자로 구성되어 있는 폭스피2가 인간의 경우 쥐와는 세 개, 침팬지와는 두 개만 다른 분자구조를 보인다는 것을 발견했습니다. 이 차이가 얼굴, 목, 음성기관의 움직임을 통제하는 뇌 영역의 단백질 모양을 더욱 복잡하게 만들어서 사람이 언어능력을 가질 수 있도록 만들었다는 주장입니다.

포유동물들 모두 뇌도 갖고 있고 폭스피2도 갖고 있지만 단지 두 개 구조의 차이로 언어를 구사할 수 있는 능력은 인간만 갖게 되었다는 설명입니다. 실제로 말하기와 문법의 이해 등에서 선천적 언어장애를 보이는 사람들을 조사해 보면, 일반 사람들과 폭스피2가 다른 것으로 나타났습니다.

말하기는 브로카, 이해하기는 베르니케

측두엽이 언어를 담당하는 대뇌피질이라는 사실을 앞서 말씀을 드렸는데요. 측두엽은 양쪽 관자놀이를 지나 귀 뒤쪽 우측과 좌측에 각각 하나씩 총 두 개가 있지요. 우측 측두엽은 음악과 관련 있는 소리나 말 속에 포함된 감정의 뉘앙스를 파악하는 기능을 담당합니다. 그래서 누군가 "잘했어요"라고 말했을 때, 말 속에 감정이 담겨 있다면 그것이 기분 좋은 칭찬의 뉘앙스인지, 비아냥거리는 것인지를 간파합니다.

좌측 측두엽은 그야말로 말과 글 그 자체를 이해하고 처리하는 기능을 담당하는데요. 자음과 모음, 단어의 의미, 언어라는 상징과 기호를 다룹니다. 특히 좌측 측두엽 중에서 브로카 영역과 베르니케 영역이라는 두 영역이 언어를 유연하게 사용할 수 있게 해주는 역할을 수행합니다.

브로카 영역은 19세기 프랑스의 외과 의사였던 폴 브로카_{Paul Broca}가 처음으로 발견한 언어 중추로서 자신의 이름으로 명명하였죠. 어느 날, 브로카는 '탄'이라고 불리는 실어증 환자를 치료하게 되었습니다. 그 환자는 이름이 있었지만 '탄'이라는 말 이외에는 아무 말도 할 수 없었기 때문에 '탄'이라는 별명으로 불렸지요. 신기한 것은 이 환자는 단지 말만 못했을 뿐 다른 사람들이 하는 말들은 모두 이해하는 것으로 보였습니다. 예를 들면, "밥 먹었어요?"라고 물어보면 고개를 끄덕이면서 "탄!"이라고 대답했지요.

환자가 죽은 후 브로카는 원인을 규명하기 위해 그의 뇌를 해부해 보았는데, 왼쪽 대뇌피질의 일부가 손상되어 있는 것을 발견했습니다. 이를 바탕으로 손상된 부위가 언어를 말로 표현하도록 하는 능력과 관련 있다는 것을 알게 된 것이지요.

그로부터 13년 후, 독일의 신경학자였던 카를 베르니케_{Carl Wernike}는 '탄'과는 완전히 다른 유형의 환자를 만났습니다. 브로카 영역의 손상 환자의 경우 언어를 이해하는 데는 문제가 없었음에도 언어를 표현하는 데 어려움을 겪었다면, 베르니케가 만난 환자는 말은 유창하게 했지만 그 말들이 제대로 된 의미를 담지 못하고 있었습니다. 예를 들면 "나는 배가 고픈데 말이지, 저것은 자동차 소리라는 것이고, 나는 할 수 있는데, 너는 할 수 없는 것이 잘못된 말을 하고 있어"라는 식으로 앞뒤가 연결되어 있지도 않고 질문에 대한 대답을 하지도 못하며 전혀 알아들을 수 없는 말을 해댔던 것입니다. 환자 사후에 베르니케가 뇌를 조사해 보니 왼쪽 측두엽 뒤쪽 부분이 손상되어 있다는 것을 발견하였고, 베르니케 영역이 말의 의미를 담도록 만드는 기능을 한다는 것을 알게 된 것이지요.

우리가 언어를 사용한다는 표현에는 두 가지의 의미가 포함되어 있습니다. 하나는 언어를 적절하게 표현하는 것이고, 다른 하나는 언어를 정확하게 이해한다는 것입니다.

브로카 영역은 언어를 적절하게 표현하는 능력과 관련이 있고, 베르니케 영역은 언어를 이해하는 능력을 수행하고요. 왼쪽 뇌의 측두엽에 위치하고 있는 브로카 영역과 베르니케 영역이 활성화되면서 아이가 말을 알아듣고, 의사를 표현하며, 적절하게 응답하고, 질문을 듣고 이해할 수 있는 것입니다.

언어능력은 구강구조에 의해 발달하는 것이 아니라는 점, 이제 아셨지요?

아이의 언어 거울이 되라

언어는 언제, 어떻게 만들어졌으며, 어떤 방법으로 전달된 것일 까요? 글자가 만들어지기 이전에는 어떤 도구로 의사를 전달했을까요? 이 의문은 잠시 미뤄두고 아이들이 어떻게 언어를 습득하게 되는지 먼저 생각해 볼까요. "엄마 해봐, 엄! 마!" 아기들에게 언어를 가르칠 때는 똑같은 말을 수없이 반복해서 들려주게 됩니다. 그렇다면 똑같은 단어를 반복적으로 듣기 때문에 아기가 단어를 발음하게 되고 말하게 되는 것일까요?

아이는 언제나 보고 있다

뇌과학에 대한 연구가 많이 진행되면서 사람들에게 알려진 용어가 있습니다. 바로 '거울신경세포mirror neuron'입니다. 이 뇌세포는 특정 움직임을 수행할 때나 다른 개체의 특정 움직임을 관찰할 때 활동하는데, 다른 개체의 행동을 '거울처럼 반영하고 따라 한다'고 해서 붙여진 이름입니다. 다른 사람의 행동을 관찰하면서 마치 관찰자 자신이 스스로 행동하는 것처럼 느끼게 된다는 뜻입니다.

거울신경세포는 대뇌피질 중 전두엽의 아래쪽, 두정엽 아래쪽, 측두엽 앞쪽에 자리 잡고 있습니다. 이곳에 있는 거울신경세포들이 누군가 말하거나 행동하는 것을 바라보면서 활성화되어 관찰 대상을 똑같이 따라 하게 만듭니다.

바로 이 거울신경세포가 아이의 언어발달과 밀접한 관련이 있습니다. 부모가 아이에게 '엄마, 아빠'라는 단어를 가르칠 때 아기는 거울신경세포를 통해 엄마 아빠의 입 모양과 그곳에서 나오는 소리를 익히게 됩니다. 그리고 어느 순간 거울신경세포의 시냅스가 형성되면서 '엄마, 아빠'라는 단어를 말할 수 있게 되고요. 다른 언어도 마찬가지 방식으로 익히게 되면서 아이의 언어능력은 점차 발달하게 됩니다.

이처럼 거울신경세포가 활성화될수록 아이는 많은 단어를 익힐 수 있게 됩니다. 따라서 부모는 자녀가 자연스럽게 언어를 학습할 수 있도록 더 많은 대화를 나눠야 합니다. 엄마 아빠가 거울신경세포에 얼마나 자주 많은 언어를 들려주고 보여주며 비춰주는가에 따라 아이의 언어능력이 발달할 수 있는 것입니다.

'거울신경세포의 발견'

1980년대 중반 이탈리아 파르마대학의 대학원생인 지아코모 리졸라티Giacomo Rizzolatti는 주세페 디 펠레그리노Giuseppe Di Pellegrino, 루시아노 파디가Luciano Fadiga, 레오나르도 포가시Leonardo Fogassi, 비토리오 갈리세Vittorio Gallese와 함께 원숭이를 실험대상으로 하여 행동을 통제하는 뇌세포를 연구하고 있었습니다. 이들은 원숭이가 손으로 물체를 잡거나 매우 작은 크기의 물체를 잡기 위해 소근육을 움직일 때 그것을 담당하는 뇌세포를 알아보기 위해 두정엽의 대뇌피질에 여러 전극을 꽂아놓고 원숭이가 손가락을 움직일 때마다 반응을 보이는 대뇌피질의 뇌세포를 살펴보고 있었습니다.

그런데 재미있는 상황이 벌어졌습니다. 연구자들이 음식을 먹으려고 집었을 때 원숭이가 그 장면을 단지 바라봤을 뿐인데, 움직이는 뇌세포의 영역이 원숭이가 직접 음식물을 집었을 때 움직이는 뇌세포의 영역과 거의 같은 영역이 활성화되는 것을 발견하게 됩니다. 그것은 원숭이의 대뇌피질 중 전두엽 아래쪽과 두정엽 아래쪽 부위였습니다. 이 부위에서 일어나는 반응은 마치 '거울'과 같았습니다. 직접 어떤 행위를 할 때와 다른 대상의 행동을 관찰할 때의 활성화가 똑같이 움직였기 때문입니다.

최근에는 크리스티안 케이서스Christian keysers가 인간과 원숭이 모두에게 거울신경세포가 존재한다는 것을 실험을 통해 입증했습니다. 누군가 물건을 부수는 것을 보면 마치 자신이 직접 물건을 부수는 행동을 할 때처럼 원숭이의 뇌나 사람의 뇌가 같은 부위에서 활성화되었던 것입니다.

영어 공부에 대한 오해

부모님들을 대상으로 뇌발달에 관한 특강을 진행하다 보면 주로 받게 되는 질문이 "요즘은 언어능력이 아주 중요한 스펙인데, 언어능력을 키워주려면 어떻게 해야 하나요?", "언어를 잘하게 하려면 뇌를 어떻게 활성화시켜야 하나요?", "언어를 잘하는 뇌를 만들려면 어떤 환경을 만들어줘야 할까요?" 등입니다.

부모님의 입장에서는 당연히 궁금한 질문이라고 생각합니다. 그렇다면 부모님들께서 생각하시는 것처럼 뇌를 활성화시키면 언어를 빠르게, 효율적으로 잘 배울 수 있을까요? 요즘처럼 인터넷을 통해 이런저런 정보들이 넘쳐나는 시대에는 교육 방법도 다양해서 어떤 방법을 선택해야 할지 난감할 정도입니다. 어떤 영어 교재와 콘텐츠를 활용했더니 아이가 어릴 때부터 영어를 잘하더라, 어느 학원이 기가 막히게 영어를 잘 가르치더라 하는 이야기들도 부모의 판단을 더욱 어렵게 만들고요. 자녀에게 조금이라도 도움이 되는 방법을 선택하고 싶은 만큼 고민도 많으실 것입니다.

그런데 아직까지는 영어 교재, 영어 비디오나 영상물, 영어 학원을 통해서 영유아의 어학 실력이 확연하게 좋아졌다는 연구 논문이나 실험 결과를 본 적은 없습니다. 왜 그럴까요? 그 이유는 그러한 교육 방법들이 연령별 뇌발달에 적합한 방법이 아니기 때문입니다. 어른의 관점에서 보자면 너무도 좋은 교재, 영상물, 학원인데 자녀의 입장에서는 오히려 해로운 자극이 될 수 있는 방법일 수 있습니다. 어쩌면 언어뿐만 아니라 다른 학습에까지 부정적인 영향을 끼칠 수도 있고요.

18개월이 핵심

생후 18개월 이후의 유아기는 언어를 습득하는 데 있어서 정말 중요한 시기입니다. 생후 6개월 정도부터 아기들은 소리의 차이를 구별하기 시작하는데요. 영유아의 언어에 대해 연구하고 있는 미국 워싱턴 주립대학 심리학과 교수인 패트리샤 쿨Patricia Kuhl 박사는 생후 6개월의 다양한 국적의 아기들에게 'r'과 'l' 발음을 들려주고 두 발음의 차이를 구별하는지 알아보았습니다. 흥미롭게도 아기들은 국적과 상관없이 두 개의 발음을 구별해 내는 것으로 보였습니다. 더욱 흥미로운 사실은 영어뿐만 아니라 프랑스어, 러시아어, 한국어를 비롯해 다른 여러 나라 언어의 유사한 발음을 들려주었을 때도 그 차이를 구별했다는 것입니다. 이러한 결과는 생후 6개월까지 아기들의 뇌가 모든 언어를 흡수할 수 있을 만큼 빠르게 발달하고 있다는 것을 증명하고 있습니다.

그러나 이러한 연구 결과는 생후 18개월의 유아가 외국어를 학습할 수 있고, 여러 나라의 언어를 배울 수 있다는 것을 의미하는 것은 결코 아닙니다. 이 시기의 아기 뇌는 아직 학습을 감당할 수 있는 능력을 갖추지 못하고 있으며, 개별 언어의 발음과 의미를 이해하고 받아들일 수 있는 준비가 되어 있는 것은 아닙니다. 모국어가 아닌 다른 나라의 여러 언어를 들려주는 것은 오히려 뇌에 과부하가 되어

스트레스를 유발하고, 뇌발달에 방해가 될 수 있습니다.

생후 6개월에서 18개월 된 아기들은 모국어에 있어서 소리의 구별을 넘어서 단어를 알아차리기 시작합니다. 그리고 모국어에 맞춰 뇌의 시냅스도 만들어지게 됩니다. 양육자로부터 자주 듣게 되는 모국어가 아기에게는 중요한 언어 환경이 되고 뇌를 발달시키는 자극이 됩니다. 듣고 경험하는 자극에 따라 뇌는 새롭게 배열되고, 이러한 자극과 경험에 맞게 시냅스가 형성되는 것이지요.

이 시기 동안 모국어를 지속적으로 들으면서 시간이 어느 정도 지나면 시냅스가 견고하고 튼튼하게 자리를 잡아 모국어를 들었을 때 더 효율적으로 처리할 수 있게 됩니다. 반면에 자주 사용하지 않거나 경험하지 않는 시냅스들은 가지치기가 일어나게 되지요. 즉, 효율성을 위해서 자주 쓰이지 않는 시냅스는 과감히 없애버리고, 자주 접하고 많이 사용하는 자극에 맞게 뇌가 꾸며지는 것입니다.

여기에는 상당히 중요한 의미가 담겨 있습니다. 아이의 뇌가 엄청난 속도로 발달한다고 해서 이런저런 언어와 학습 자료를 보여주고 들려주는 것이 뇌를 발달시키는 좋은 자극이 되지 않는다는 점이죠. 오히려 뇌를 효율적으로 움직이지 못하게 해 모국어를 처리할 수 있는 시냅스의 형성을 방해하는 상황이 될 수 있습니다.

다시 말씀드리지만, 생후 18개월부터는 언어발달에 있어서 상당히 중요한 시기입니다. 이 시기에는 들려주는 말을 소리로서가 아니라 모국어로서 이해하고 언어 속에 담긴 의미를 이제 구별하고 받아들이는 시점이기 때문입니다. 이때는 시각, 청각 등도 함께 발달하

면서 눈으로 확인하고, 귀로 들으며 언어를 확실하게 이해할 수 있
게 됩니다.

패런티즈 학습법

자녀에게 언어를 가르친다는 것에 대해 부모님께서는 부담감을
느끼실 수 있습니다. 백지 상태에 있는 아기에게 어떤 방법으로 가
르쳐야 언어를 잘 습득할 수 있는지도 모르겠고, 가르친다고 해도
제대로 아기가 받아들이고 있는지 확인할 수도 없다고 생각되실 것
입니다. 그래서 언어 전문가에게 효율적으로 배우도록 하는 것이
낫지 않은가 하는 생각도 들게 되지요. 그러나 아이에게 가장 좋은
언어 환경이자 도구는 아이에게 익숙한 부모님의 목소리입니다. 이
사실을 감안한다면 아기에게 언어를 교육하는 것이 그렇게 부담스
러워할 일은 아니라고 생각하시면 좋겠습니다. 그렇다면 이 시기의
아기에게 모국어를 제대로 가르치려면 어떻게 해야 할까요?

앞에서 설명했듯이 거울신경세포 덕분에 아이들은 부모님이 하
는 말을 듣고 따라 하게 됩니다. 언어의 학습적인 측면에서 볼 때 거
울신경세포는 소리를 듣고 따라 하도록 하는 중요한 기능을 담당하
지요. 그러므로 아이에게 언어를 가르치는 가장 좋은 방법은 거울
신경세포에 듣기 자극을 많이 주는 것입니다.

특히 생후 18개월부터는 모국어와 관련된 거울신경세포가 활발

하게 활동하는 시기입니다. 이때부터 아이들은 단어들의 의미를 이해하기 시작하고, 자신이 이해하고 머릿속에 저장한 단어를 하나씩 꺼내 "엄마, 빠방!", "응가" 등과 같이 자신의 욕구나 생각을 전달할 때 사용하기도 합니다. 그래서 듣기를 많이 한 아이들이 말도 잘하는 것이고요. 그렇다면 듣기를 잘할 수 있는 방법은 무엇이 있을까요? 지금부터 알아보도록 하겠습니다.

스마트한 수다쟁이

듣기 집중력을 키우는 첫 번째 방법은 아이와 수다를 떠는 것입니다. 많은 연구에서 양육자가 대화를 통해서 사용하는 어휘의 수와 아이가 사용하는 어휘 수가 상당히 높은 관련성을 보인다는 것을 입증하고 있습니다. 즉, 양육자의 수다가 아이의 언어 환경이 되는 것입니다. 양육자가 과묵하면 아이도 과묵할 가능성이 높습니다. 양육자가 아이에게 얼마나 자주 말을 걸어주는가가 아이의 어휘 수에 영향을 미친다는 것이지요.

최근 생후 20개월 정도의 유아를 대상으로 유아가 이해하고 사용하는 어휘 수와 엄마의 특징을 조사했습니다. 수다스럽고 일정 시간 동안 아이에게 말을 자주 거는 엄마의 아이와 과묵하고 말을 별로 하지 않는 엄마의 아이가 사용하는 어휘 수를 비교해 보니 평균 137개 이상 어휘 수의 차이가 나타났습니다. 이러한 차이는 성장할수록 벌어져 24개월 무렵에는 300개 정도의 차이를 보였습니다.

상황이 이렇다고 해서 맞벌이 부모님들이 걱정하거나 기죽을 필요는 없습니다. 앞서 정서발달의 측면에서 맞벌이 부모님이 아이와 함께 있는 물리적 시간은 부족하지만, 아이가 함께하는 시간 동안 어떤 교감을 나누는가 하는 질적인 관계가 더 중요하다고 말씀드렸는데요. 언어도 마찬가지입니다. 하루에 얼마 안 되는 시간이라도 아이와 열심히 눈을 맞추고 자녀에게 말을 걸고 대화를 나누면 충분한 것입니다.

"무슨 대화를 나눌까?"라고 고민할 필요는 없습니다. 부모님께서 직장에서 겪은 일, 엄마, 아빠의 감정, 기분, 심정 등을 친구에게 말하듯이 이야기해 주면 됩니다. 이때 주의할 점은 부모님은 아이와 눈을 맞추고 부모님께서 하시는 이야기를 잘 들을 수 있도록 천천히 말씀하시는 것입니다. 또한 가급적 아이가 이해할 만한 단어들을 사용하시는 것이 좋습니다. 일방적으로 말을 쏟아내는 것이 아닌 아이가 부모님의 말을 들을 수 있는 것처럼 느낄 수 있게 대화를 나누는 게 중요합니다.

아이와 수다를 떨 때는 아이가 이해할 수 있는 방법을 사용해야 합니다. 패런티즈parentese를 구사하는 것도 그 방법 중 하나입니다. 이 방법은 높은 톤으로 불분명하게 말하고 무슨 말인지 잘 알아들을 수는 없이 아기처럼 말하는 베이비 토크baby talk와는 다릅니다. 예컨대, 베이비 토크는 "우르르르, 뿡뿡뿡", "빠빠빠"와 같이 의미는 없지만, 아기가 집중할 수 있게 재미있게 내는 소리입니다. 반면 패런티즈는 아기가 잘 알아들을 수 있도록 높은 톤과 분명한 발음으로 짧되, 의미를 살려서 말하는 것입니다. "우리 아기, 뭐가 먹고 싶어?"라고 말하는 것은 패런티즈 화법이지만, 베이비 토크는 "끼루끼루, 냠냠" 하며 혀 짧은 소리를 내는 것입니다. 아이의 언어능력을 키워주고 싶다면 거울신경세포를 통해 정확한 언어를 습득할 수 있도록 패런티즈 화법을 사용하는 것이 좋습니다.

호기심 채워주기

두 번째 방법은 아이의 질문에 열심히 대답해 주는 것입니다. 아기들은 1~2세까지 단어 하나만 가지고도 의사소통을 합니다. 가령 아기가 "물!"이라고 하면 물을 마시고 싶다는 표현이기도 하고, 먹기 싫다는 표현이기도 하고, 만지고 싶다는 의사를 드러내기도 하지요. 그러다가 3세 정도부터는 단어를 연결해 한 문장으로 말합니다. 이때부터는 아이들의 호기심도 많아집니다. 어휘 수가 늘어났다는 것은 그만큼 세상에 대한 이해의 폭도 커지고 있다는 증거가 됩니다. 어휘 수만큼 궁금한 것도 많아지게 되고요.

이 무렵 아이들이 가장 많이 하는 말은 바로 "왜?"입니다. 아이의 눈에 이 세상은 호기심 덩어리이지요. 어른들 눈에는 일상적이고 지루한 것들이 아이들에게는 신기하고 궁금한 것이 됩니다. 그러므로 아이가 "왜?"라고 물으면 귀찮아하지 말고 성의 있게 대답해 주어야 합니다.

아이의 질문에 대답할 때는 아이 수준에 맞추는 것이 중요합니다. 아기가 미숙한 발음으로 말하여 잘 이해가 되지 않을 때에는 "무슨 말이야?" 하고 지적하거나 모른 척하기보다는 아기가 궁금해하는 것에 대해서 확인하면서 정확한 발음으로 반복적으로 말해주는 것이 좋습니다. 아기의 거울신경세포가 부모님의 정확한 발음을 충분히 모방하고 있다는 점을 기억해 주세요. 또한, 아이의 엉뚱한 질문에도 유쾌하게 대답하면서 "그런 생각도 했어? 대단한데"라고 반응해 주면 아이 뇌는 긍정적인 감정을 느끼는 신경전달물질이 분비되면서 뇌의 활성화를 돕게 됩니다. 당연히 아이의 듣기 집중력도 빠르게 성장하게 되고요.

공감할 줄 아는
아이가 행복하다

엄마를 따라 해요

자녀가 자라는 모습을 보면서 이런 궁금증을 가져보신 분들이 계실 것입니다. "가르쳐준 적도 없는데, 어떻게 다른 사람에게 저렇게 말하고 행동하는 것을 아는 걸까?" 실제로 아이들이 다른 아이가 우는 모습을 보면 자신에게 슬픈 일이 일어난 듯 얼굴을 찡그리고 이리저리 살피면서 달래주고 싶어 하는 모습을 보신 분도 계실 것입니다. 심지어 텔레비전이나 영상물에서 슬퍼하는 사람이 등장하면 아이는 부모님을 향해 안타까운 눈빛으로 울상을 짓기도 할 것입니다. 이런 모습은 다른 사람의 감정과 기분을 자신의 것처럼 느끼고 도움을 주고 싶어 하는 공감 능력과 관련이 있는데요. 공감은 연령이 증가하면서 저절로 만들어지는 것일까요? 뇌에 대한 이해를 통해 그 해답을 찾아보도록 하겠습니다. 해답의 실마리는 바로 거울신경세포에 있습니다.

거울놀이

거울신경세포는 아기가 인간으로서의 능력과 기능을 갖춰가는 데 중요한 역할을 합니다. 아기의 거울신경세포는 부모님이나 양육자의 말소리와 입 모양을 거울처럼 그대로 따라 하면서 언어를 습득하고 언어를 구사하게 할 뿐만 아니라 대인관계와 관련된 사회성 발달에도 결정적인 역할을 합니다.

거울신경세포의 가장 중요한 역할은 눈에 보이는 대상, 들리는 소리 등 보고들은 내용을 머릿속에서 거울처럼 비춰보는 것입니다. 거울신경세포는 아기가 태어난 지 일주일도 채 되지 않아 바로 그 기능을 실행하기 시작합니다. 태어날 때 이미 작동할 준비가 되어 있는 상태인 이 시스템은 부모님이나 양육자의 입 모양과 말소리를 계속 쳐다보도록 만듭니다. 엄마 아빠가 웃어주고 자신을 돌봐주는 것을 바라보면서 아이의 거울신경세포는 더욱 활성화됩니다. 그리고 거울신경세포를 통해 학습한 엄마 아빠의 말과 행동들을 뇌세포에 기억하게 됩니다. 이 과정은 마치 거울을 보면서 행동을 익히는 놀이처럼 보일 수도 있습니다.

태어난 지 얼마 지나지 않아 거울신경세포를 통해 엄마 아빠의 행동을 모방하는 행위를 하게 되는데요. 이를 통해서 아기는 최초의 인간관계를 형성하게 됩니다. 아기는 태어난 지 얼마 되지 않았기 때문에 다른 사람에게 어떻게 반응해야 하는지 전혀 알지 못합니다. 그러니까 인간관계에 대한 기술과 능력에 관한 시냅스 형성이 되지 않은 상태이지요. 이때 거울신경세포를 통해 엄마 아빠의 행동을 모방하면서 사회적 행동을 시작하는 것입니다.

엄마 아빠의 행동을 따라 하고 모방하는 모습을 보게 되면 아기가 더욱 사랑스럽게 느껴지고 잘 돌봐야겠다는 애정이 샘솟게 되지요. 거울신경세포가 만들어주는 아기의 모방 행위는 아기에게는 생존 기제이자 인간관계를 형성해 주는 아주 중요한 시스템이 되는 것입니다.

그런데 이때 기억해야 할 중요한 점이 있습니다. 바로 뇌세포는 사용하지 않으면 기능을 잃는다는 것입니다. 거울신경세포도 마찬가지입니다. 태어나자마자 주변 사람들과 관계를 맺게 해주고 그 관계를 발전시켜주는 거울신경세포가 제대로 작동하려면 거울신경세포에 지속적으로 비춰지는 대상이 반드시 필요합니다. 그 대상은 엄마 아빠가 될 수도 있고 양육자가 될 수도 있고 또래 친구가 될 수도 있습니다. 중요한 것은 친밀하고 애정적이며 의미 있는 사람이어야 한다는 점입니다. 그런 사람들과 긍정적이고 친밀한 관계를 맺어야 건강하게 뇌가 발달할 수 있고, 사회성도 발달하게 되는 것입니다.

아이의 거울신경세포가 초기에 어느 정도 활성화되느냐에 따라 성장하면서 아이의 대인관계, 사회성 등이 달라지게 됩니다. 거울 신경세포과 사회성 발달은 어떤 관계가 있는지 구체적으로 살펴보도록 하겠습니다.

눈치도 발달한다

주변에서 별로 가까이 하고 싶지 않은 사람, 호감을 주지 못하는 사람이 있다면 한번 떠올려볼까요. 다른 사람에게 상처 주는 말을 잘하는 사람, 다른 사람들의 감정이나 기분은 아랑곳하지 않고 내키는 대로 행동하는 사람, 자기중심적인 사람 등등…. 아마 이런 유형의 사람들이 떠오르지 않을까 생각됩니다. 앞에서 말씀드린 유형의 사람들이 갖는 공통점은 바로 눈치가 없다는 것입니다.

눈치가 없다는 말은 다른 사람의 감정이나 기분을 알아차리지 못한다는 의미이기도 한데요. 자신이 하는 말이 듣는 사람의 기분을 상하게 하거나 상처를 주는지, 어떤 기분이 드는지, 다른 사람이 곤경에 처하여 힘들어할 때 어떤 말로 위로해 줘야 하는지 잘 아는 사람들은 그 반대로 눈치가 잘 발달하고 눈치가 빠른 사람들이지요. 그리고 이렇게 눈치가 빠른 사람은 공감능력이 좋다라고 표현하기도 하지요. 다른 사람의 감정과 기분을 헤아리고 이해하는 능력인 공감은 다른 사람의 행동과 반응을 되비춰주는 뇌의 거울장치,

즉 거울신경세포의 활성화로 발달하게 됩니다.

그러나 처음부터 거울신경세포가 활성화되어 눈치와 공감이 발달하게 되는 것은 아닙니다. 다른 사람, 특히 가까운 사람의 반응을 접해보지 않으면 아이의 거울신경세포는 다른 사람들의 감정과 행동을 경험할 수 없죠. 가까운 사람의 감정적 반응을 접해보지 않으면 공감능력도 떨어집니다. 일반적으로 2~3세 사이에 공감능력이 발달하기 시작하는데, 이때 아이는 거울신경세포를 통해 자신이 느끼는 감정과 상관없이 다른 사람들의 감정이나 기분을 다양하게 느껴봐야 합니다. 그러기 위해서는 부모님과 양육자가 주로 그 역할을 해줘야 할 것입니다.

사회성 발달이 차이 나는 이유

아이는 2~3세 무렵이 되면 거울신경세포를 통해 공감능력을 발달시키면서 사회성의 토대를 마련합니다. 그러나 모든 아이의 사회성 발달속도가 동일하지는 않습니다. 유전적으로 발달의 속도가 다르기 때문인데요. 이는 엄마 아빠가 가지고 있는 거울신경세포를 아이가 물려받게 된다는 의미이기도 합니다. 어떤 부모님은 사회성이 뛰어나고, 어떤 부모님은 누군가를 사귀는 일에 어려움을 느낄 수 있습니다. 이러한 특징은 거울신경세포와 관련이 있는데, 이것을 자녀가 물려받게 됩니다.

또 다른 이유는 환경의 영향입니다. 사람은 누구나 태어날 때부터 거울신경세포가 작동해 다른 사람들의 행동을 모방하고 공감할 수 있게 됩니다. 그런데 거울신경세포를 자극하고 발달시킬 수 있는 따뜻한 대상이 부족할 경우에는 사회적 관계를 맺는 것에 대해서 어려움을 겪게 됩니다.

아이의 사회성을 발달시켜주는 가장 좋은 방법은 아이의 거울신경세포에 엄마 아빠 혹은 친밀한 관계를 맺고 있는 사람들의 반응을 자주 보여주고 설명해 주는 것입니다. 눈을 마주치고, 표정을 보여주고, 감정을 드러내는 모습을 거울신경세포가 자주 모방해야 아이의 사회성이 쑥쑥 성장하게 됩니다.

엄마와 아기에게도
궁합이 있다?

사람마다 선천적인 기질을 갖고 태어납니다. 태어난 지 얼마 안 된 아기에게도 기질이 있음을 관찰할 수 있습니다. 그 특징에 따라 쉬운 아기, 까다로운 아기, 늦되는 아기의 유형이 나타난다고 앞에서 설명드렸는데요. 이러한 기질은 이후 아동기나 성인기에 성격을 형성하는 모체가 되기도 합니다.

조화의 적합성
대부분의 기질 연구가들은 생애 초기에 나타났던 기질이 이후에도 지속적으로 행동과 성격에 영향을 미친다고 주장합니다. 심리학자인 토머스Thomas와 체스Chess는 태어난 지 얼마 되지 않은 아기들을 선정해 15년 이상 추적하면서 어떤 모습으로 살아가는지 관찰했습니다. 그 결과를 살펴보면, 영아기에 까다로운 기질을 보였던 아기들은 이후 학교에 들어가서 또래들과 사회생활을 하는 데 어려움을 겪었으며, 주의집중 시간이 다른 유형의 아기들에 비해 현저히 떨어지는 것으로 나타났습니다.

순한 기질을 보였던 아기들은 환경이 바뀌어도 쉽게 적응하고 좌절을 겪었을 때도 상황을 힘들게 보지 않고 빨리 받아들여 수습하는 모습을 보였습니다.

늦되는 기질의 아이들은 새로운 환경에 적응하는 데 오래 걸렸으며 세상에 대한 관심도 크게 없었고 어떤 상황에 적응할 때도 어려움을 겪는 것으로 나타났습니다.

이렇게 타고나는 기질은 사회적 첫 상대인 엄마와의 관계에도 많은 영향을 주게 됩니다. 엄마도 아이의 인간관계의 대상이니까요. 까다로운 기질의 아기는 엄마를 힘들게 하지만, 순한 기질의 아기는 잘 순응하기 때문에 부모가 크게 힘들어하지 않지요. 엄마 역시 변하지 않는 기질을 가지고 있으므로 아기에게 영향을 미치게 되고요. 엄마의 기질은 아기를 돌보고 반응하는 양육 방식에 그대로 나타나게 됩니다.

늦되는 기질을 가지고 태어난 아기라 해도 순한 기질의 엄마를 만나면 엄마가 부드럽게 받아들이고, 관심을 촉진하는 방식으로 자녀를 양육하기 때문에 어릴 때의 기질이 어느 정도 사라지기도 합니다. 반면 순응을 잘하는 쉬운 기질의 아기라 해도 까다로운 기질을 가진 엄마를 만나면 지나친 짜증과 스트레스를 주기 때문에 눈치를 보거나 소심한 아이로 변할 수도 있고요.

이와 같이 아기의 기질과 엄마의 기질에 근거한 양육 방식은 상호작용 속에서 이뤄집니다. 이때 아기의 기질과 엄마의 기질이 얼마나 조화로운가에 따라 아기의 미래가 좌우되기도 하는데, 이것을 '조화의 적합성 goodness of fit'이라고 부릅니다.

조화의 적합성은 엄마뿐만 아니라 아빠와의 관계에서도 똑같이 작용하게 됩니다. 우리가 이러한 조화의 적합성을 통해서 생각해 봐야 할 점은 무엇일까요?

아무리 부모님이 특별한 기질을 가지고 있다고 해도 아기의 기질에 맞춰 양육 방식을 조절하려고 노력하면 바람직하고 긍정적인 결과를 가져올 수 있다는 것입니다. 아기의 기질에 따라 양육 방식을 조절하지 않고 전적으로 부모님의 기질에 따라 아기의 기질을 좌지우지하려 한다면 아기와 부모님과 마음의 불편감과 갈등이 발생할 수도 있습니다. 이런 상태를 '조화의 부적합성 poorness of fit'이라고 하는데 만약 아이가 조화의 부적합성을 경험하면서 자랐다면, 세월이 한참 지난 후에도 상처와 좌절에 대한 기억을 잊지 못하게 된다고 합니다.

물론 까다로운 기질을 가진 아이를 상대하는 것이 쉬운 일은 아닙니다. 오히려 부모님께 좌절을 줄 수도 있습니다. 부모님도 사람인지라 때로는 까다로운 아이에게 화를 내고 벌을 줄 수도 있습니다. 그러나 중요한 것은 화를 내고 벌을 주면서 아이를 양육하면 아이의 기질이 절대 변하지 않는다는 것입니다. 적대적이고 까다롭게 구는 아이는 인내심을 갖고 잘 대응해야 합니다. 그러면 성장하면서 까다로운 기질이 어느 정도 사라질 수 있습니다.

아이가 건강한 사회성을 갖게 하려면 부모님은 아이의 기질을 제대로 이해하고 그 기질에 따라 양육 방식이 조화를 이루도록 노력해야 합니다. 부모는 아기가 무엇을 좋아하며, 어떤 대상에 관심을 보이고, 언제 기분이 좋아지는지 잘 기억하고 지원해 줘야 하겠지요. 아무리 선천적으로 기질을 갖고 태어난다 해도 부모님이 인내심을 갖고 적절히 통제하고, 아이의 행동에 민감하게 반응해 준다면 서서히 긍정적인 변화가 나타날 것입니다.

우리 아이 정말 궁금합니다

Q 20개월 된 남자 아이를 키우고 있습니다. 그런데 잘 웃지도, 울지도 않고 표정의 변화가 거의 없습니다. 또래 아기들이 좋아할 만한 장난감을 주어도 별 반응이 없고요. 혹시 자폐스펙트럼 장애가 아닐까 걱정이 됩니다.

A 최근 들어 드라마나 영화를 통해 자폐스펙트럼 장애와 관련된 이야기가 많이 알려지면서 자녀가 이러한 질환을 갖지 않을까 염려하는 분이 많아졌는데요. 실제로 미국의 경우 아동 110명당 한 명꼴로 자폐스펙트럼 장애를 앓고 있다고 합니다. 자폐스펙트럼 장애는 복합적인 발달장애를 포괄적으로 이르는 용어로서 자폐증, 아스퍼거 증후군 등도 포함합니다. 아스퍼거 증후군은 언어지체 증상이 없는 어린이나 성인의 자폐증을 일컫는 용어라고 생각하시면 됩니다. 자폐스펙트럼 장애는 상호작용, 의사소통 등에서 문제를 겪고 반복적인 행동과 관심을 특징으로 합니다. 지능이 비교적 양호한 일부 아이들은 학교에 들어가는 시점에서야 자폐스펙트럼 장애로 진단받기도 합니다.

자폐스펙트럼 장애의 원인은 상당히 복합적입니다. 뇌의 이상, 유전적 혹은 환경적 위험요소가 함께 작용하여 나타날 수 있습니다. 자폐스펙트럼 장애는 광범위한 수준에서 문제행동이 나타나는 만큼 전문기관에서 진단을 받는 것이 필요한데요, 현재 주로 사용되고 있는 정신장애진단편람(DSM)

의 자폐진단기준은 다음과 같습니다.

1. (1), (2), (3) 항목 중 최소한 6개 이상이 있고, (1)에서 최소 2개, (2), (3)에서 각각 1개 이상이 해당됩니다.

(1) 사회적 상호교류의 질적인 장애로 다음 중 최소 2개가 나타납니다.

　(a) 다양한 비언어성 행동, 즉, 사회적 상호작용을 조정하는 눈 마주치기, 얼굴 표정, 몸짓 및 제스처를 보이는 데에 현저한 지장이 있습니다.

　(b) 발달수준에 적합한 또래 관계를 형성하지 못합니다.

　(c) 자발적으로 다른 사람과 즐거움, 관심, 또는 성취감을 공유하고자 하는 마음이 부족합니다.

　(d) 사회적 또는 정서적 상호교류가 부족합니다.

(2) 의사소통의 질적인 장애로 다음 중 최소 1개가 나타납니다.

　(a) 말로 표현하는 언어발달이 늦거나 전혀 발달하지 않습니다. 제스처나 몸짓 같은 다른 형태의 의사소통 방식으로 보충하려고도 하지 않습니다.

　(b) 사람과 적절하게 대화를 시작하거나 지속하는 데에 현저한 문제가 나타납니다.

　(c) 언어 또는 특이한 언어를 계속 반복적으로 사용합니다.

　(d) 발달수준에 적합한 다양한 자연스러운 가상놀이(예: 소꿉놀이) 또는 상상놀이(예:공주놀이, 괴물한테 도망가기 등등)를 잘 못 합니다.

(3) 행동, 관심 및 활동이 한정되고 반복적인 양상을 계속 보이며 다음 최소 1개를 나타냅니다.

    (a) 한정된 관심에 반복적으로 몰두하는데, 그 강도나 집중 정도가 지나치고 비정상적입니다.

    (b) 외관상 독특하고 기능적으로 문제가 있는 일이나 습관에 지나치게 집착합니다.(예: 같은 순서로 밥 먹기, 옷 입기, 목욕하기, 같은 길로 등교하고 이동하기)

    (c) 반복적인 운동 양상을 보입니다.(예: 손이나 손가락 비꼬고 흔들기)

    (d) 물건의 어떤 부분에 지속적으로 집착합니다.

자폐스펙트럼 장애는 치료를 위해서도 정확한 진단이 매우 중요합니다. 위의 기준 이외에도 병원과 같은 전문기관에서 의학적 검사(염색체 검사, 대사 검사, 뇌파 검사, 뇌 MRI)와 함께 인지 및 발달평가, 다양한 종류의 검사에 따른 진단을 받는 것이 필수입니다.

자폐스펙트럼 중 아스퍼거 증후군이나 고기능 자폐를 가진 경우에는 암기력, 수학능력, 음악이나 미술적 재능, 문자 해독능력 등에서 뛰어난 능력을 보이는 경우도 있습니다. 그러므로 정확하게 진단하고 부적응 행동에 대한 교정, 사회적, 언어적 발달 등을 촉진하여 일상생활에 적용할 수 있도록 도움을 주는 것이 중요합니다.

Q 아기가 돌이 지났는데도 말을 잘 하지 않아요. 언제쯤
   말을 하게 될까요?

A 아기마다 말을 하기 시작하는 시기의 차이는 분명히 있습니
   다. 생후 12개월 정도까지는 말이 아니라 언어 이전의 소리
   를 내는 단계입니다. 보통 옹알이가 활발하게 진행되는 연
   령이라고 생각하시면 될 것입니다. 생후 12개월 전후로 해
   서 의사소통을 하기 시작합니다. 아이는 처음 한 단어로만
   말하는 일어문 단계에서 시작해 이어문 단계, 그리고 복잡
   한 형식의 다어문 단계로 발달합니다. 의사소통의 각 단계
   별 특징은 다음과 같습니다.

1단계 : 일어문 단계

▶ 생후 12개월 전후로 언어 이전의 의사소통 단계 중 무의미
   한 소리를 내는 마지막 시점과 겹쳐서 일어문 단계가 시작
   됩니다.
▶ 13~15개월경에는 약 열 개 정도의 단어를 사용합니다. 이때
   사용하는 단어들은 엄마, 아빠, 할머니, 할아버지, 맘마, 까
   까, 쉬, 장난감의 이름 등입니다.
▶ 이 시기는 언어와 관련된 뇌 기관이 미성숙하고 언어적 기
   억력이 부족한 상태이기 때문에 문장으로 이야기해야 할 내
   용을 한 단어로 표현합니다. 예를 들어 "물 주세요"라고 해
   야 하는데 "물"이라고 말합니다.

2단계 : 이어문 단계

▶ 18개월 전후로 두 개의 단어를 이어서 말하는 이어문 단계가 나타납니다. 단어 한 개만 사용하다가 갑자기 이어문을 쓰게 되는 것이 아니라 일어문에서 이어문으로 천천히 발달합니다.

▶ 좌측 측두엽 및 전두엽이 발달하면서 언어적 기억력이 증가하면 두 단어를 결합해 생각을 표현합니다. 예를 들면 "엄마, 물" 또는 "이거 줘"처럼 단어 두 개를 이어서 문장처럼 말합니다.

3단계 : 다어문 단계

▶ 22개월 전후로 세 단어를 조합해 문장을 말하게 되는 단계입니다. 이어문 단계에서 자연스럽게 세 단어 정도를 연결한 문장으로 말합니다. 예를 들어 "엄마, 물" 혹은 "물 줘"처럼 이어문으로 말하다가 이것들을 연결해 "엄마, 물 줘"로 말하게 됩니다.

우리 아이가 너무 늦는 것은 아닌지 너무 걱정하지 않으시길 바랍니다. 이런 언어적 의사소통 단계나 시기가 아이마다 다를 수 있으며, 영유아의 발달 상태나 환경, 성별에 따라 천천히 나타날 수도 있고 일찍 나타날 수도 있습니다. 마음의 여유를 가지고 긍정적인 감정으로 반복적으로 언어적 경험을 제공해 주시길 바랍니다.

Q 아이의 언어능력을 잘 키워주려면 학원을 다녀야 할
까요?

A 언어능력을 제대로 키워주기 위해 노력하는 부모님들이 참
많으신데요. 의외로 방법은 간단합니다. 바로 자녀에게 말
을 많이 걸어주는 것입니다. 아기가 세상에 태어나 처음 맺
게 되는 사회적 관계 대상도 엄마, 아빠이고, 처음으로 대화
를 나누게 되는 사람도 엄마, 아빠입니다. 언어능력과 관련
된 뇌가 발달하기 시작하는 결정적 시기는 1~4세 무렵이고
요. 이때는 언어를 빨리 배우는 시기라고 할 수 있습니다. 중
요한 것은 애착 관계인 부모님의 애정을 바탕으로 언어를
가르칠 때 효과도 좋은 것으로 알려져 있습니다. 엄마, 아빠
가 아이에게 안심 기지가 되어 마음이 안정적일 때 학습도
원활하게 이뤄지니까요.

실제로 가정에서 대화가 자녀의 언어능력에 어떤 영향을 미
치는지에 대한 연구도 있는데요. 유아 언어 연구의 권위자
인 스탠퍼드 대학교의 앤 페르날드Anne Fernald 교수는 18개월
이상의 유아들을 대상으로 어휘력과 가정에서의 대화를 조
사했습니다. 그 결과, 평소에 말을 많이 걸어주지 않는 아이
는 말을 많이 걸어준 아이에 비해 어휘에 반응하는 시간이
1.2배 더 걸리는 것으로 나타났습니다. 비슷한 다른 연구에
서도 생활수준이 비슷한 가정환경의 아이들 중에 자녀에게
한 시간에 50단어 이하를 말하는 가정과 한 시간에 1,200
단어를 말하는 가정의 아이들의 어휘력을 비교해 보았더니

큰 차이가 나타났습니다. 아이와 산책을 하면서 "에이, 지지, 만지지 마"라고 몇 마디 안 하는 것보다 "와, 여기 노란 꽃이 피었네. 노란 꽃이 꼭 뽕뽕 병아리 같네. 병아리 기억나? 병아리"와 같이 아이에게 말을 걸어주면서 걷는 것은 이후에 아이의 어휘력에 영향을 미친다는 것입니다.

이때 엄마, 아빠만 혼잣말처럼 말씀하시지 마시고 자녀의 대답이나 반응을 이끌어내면 더 좋습니다. 다만 아이는 현재 뇌의 반응속도가 빠르지 않으니 3~5초 정도 기다려주시길 바랍니다.

Q 아이가 이제 말을 하기 시작하는데, 이 시기의 뇌발달에 적합한 언어교육은 어떻게 시키는 것이 좋을까요?

A 첫돌을 전후로 해서 영유아는 언어의 형태로 말을 하기 시작합니다. 이 시기는 거울신경세포가 발달하는 시기로서 엄마가 말하는 소리를 듣고 따라 하는 것이 가능합니다. 그러므로 이 시기에는 자녀의 언어 영역 중 듣기를 먼저 시작하는 것이 좋습니다. 잘 듣는 아이가 말도 잘 하게 되고 이것이 이후 읽기와 쓰기 능력에도 연결되기 때문입니다. 언어발달과 인지발달은 1세 때부터 시작해 유치원 시기까지 계속해서 지도하고 가르쳐야 향상될 수 있습니다. 연령대별 듣기 능력과 관련된 내용을 소개하면 다음과 같습니다.

2세 영유아의 듣기능력

듣기능력	내용
소리를 구분해 들을 수 있다	다양한 소리와 말소리 듣기에 흥미를 보인다 익숙한 목소리를 듣고 반응한다
경험과 관련된 말의 의미를 이해한다	'뚜벅뚜벅'과 같은 말을 들으면 행동을 연결할 수 있다 '가져와'와 같이 행동과 관련된 말을 듣고 따른다 익숙한 사물의 명칭과 자신의 이름을 알아듣는다
운율이 있는 말 듣기를 좋아한다	운율이 있는 짧은 말소리 듣기를 즐긴다

3~5세 유아의 듣기능력

듣기능력	내용
낱말의 발음을 경청할 수 있다	낱말 각각의 발음에 관심을 갖는다 유사한 발음의 낱말을 주의 깊게 구별해 듣는다
낱말과 문장을 듣고 이해할 수 있다	일상생활과 관련된 낱말과 문장을 듣고 뜻을 안다 교사가 제시하는 내용을 듣고 지시에 따른다 질문에 적절하게 대답한다
이야기를 듣고 이해할 수 있다	이야기를 듣고 내용을 이해한다 이야기를 듣고 기억한 뒤 다시 말한다 이야기를 듣고 궁금한 것에 대해 질문한다
동요, 동시, 동화를 들을 수 있다	동요, 동시, 동화를 다양한 매체를 통해 듣는다 동화, 동시, 동요를 듣고 자신의 느낌을 다양하게 표현한다
바른 태도로 들을 수 있다	다른 사람이 이야기할 때 주의 깊게 듣는다 다른 사람의 이야기를 끝까지 듣는다 이야기의 내용을 집중해서 듣는다

언어활동은 공부처럼 지도하면 흥미가 떨어질 수 있습니다. 따라서 부모님, 양육자와의 재미있는 활동을 통해 놀이처럼 익히

도록 하는 것이 좋습니다.

Q 아이가 말을 어눌하게 하는 것 같아요. 혀 짧은 소리도
내고, 표현도 잘 못 하고요. 아이가 말을 잘하도록 하려
면 어떻게 해야 하는지요?

A 이 시기의 영유아 뇌는 최고의 속도로 발달하기 시작합니
다. 많은 경험을 토대로 수없이 많은 시냅스와 신경연결
망을 형성하는 시기이며, 사고능력을 담당하는 전두엽과
언어능력을 담당하는 좌측 측두엽의 발달도 활발한 시기
입니다. 거울신경세포가 발달하고 듣기가 진행되면 말하
기도 함께 이루어집니다.

사람들은 시간이 지나면 아이가 자연스럽게 말을 하게 된
다고 생각하지만 아이가 알고 있는 정보, 생각, 감정들을 언
어라는 도구를 사용해 표현하려면 고도의 정신작용이 필요
합니다. 따라서 부모는 아이가 자신의 생각을 정확하게 표
현하는 능력을 갖도록 지속적으로 도와줘야 합니다. 말하기
능력을 향상시켜주는 방법으로는 듣기를 즐겁게 할 수 있는
놀이가 효과적입니다. 연령대별 말하기 능력과 관련된 내용
을 소개하면 다음과 같습니다.

2세 미만 영유아의 말하기능력

말하기능력	내용
발성과 발음으로 소리를 낼 수 있다	다양한 말소리를 내고 옹알이를 한다 옹알이와 말소리에 대해 말로 반응해 주면 모방해서 소리를 낸다
친숙한 사물의 이름을 말할 수 있다	친숙한 사물을 지칭해 말하려 한다 친숙한 사물의 이름을 말한다
말소리와 몸짓으로 의사를 표현할 수 있다	필요에 따라 소리와 몸짓을 사용한다 말로 의사표현을 한다

2세 영유아의 말하기능력

말하기능력	내용
바르게 발음을 구사할 수 있다	올바른 발음으로 말하기를 시도한다
사물의 이름을 말할 수 있다	사물의 이름을 알아보고 말하기를 즐긴다
자신의 느낌과 생각을 말할 수 있다	원하는 것을 말로 요구한다 자신의 감정을 말로 표현한다
행동에 맞게 말할 수 있다	행동과 상황에 맞는 말을 한다

3~5세 유아의 말하기능력

말하기능력	내용
올바른 발음으로 말할 수 있다	여러 낱말을 말해도 분명하게 발음한다 정확한 발음으로 또렷하게 말한다
낱말과 문장으로 말할 수 있다	낱말과 문장을 문맥에 맞게 말한다 여러 상황을 다양한 어휘로 말한다
자신의 경험, 느낌, 생각을 말할 수 있다	자신의 느낌, 생각, 경험을 말한다 경험한 것을 간단한 동화나 동시로 꾸며 말한다 주제를 정해 함께 이야기한다

상황에 맞는 언어를 사용할 수 있다	듣는 사람, 때, 장소에 알맞게 말한다 듣는 사람의 생각과 느낌을 헤아려 말한다
바른 태도로 말할 수 있다	듣는 사람과 마주 보며 말한다 상대방의 반응을 헤아리고 차례를 지켜 말한다

민감한 시기의 뇌에 긍정적이고 건강한 정보를 제공해야 합니다

• 뇌발달의 결정적 시기와 민감함의 시기는 동일합니다. 결정적 시기에 접하게 되는 모든 정보와 환경에 따라 뇌발달의 결과가 달라질 수 있습니다. 그래서 결정적 시기에는 뇌에 주어지는 유해한 정보를 민감하게 살펴봐야 합니다.

• 이 시기의 아기는 바람직한 정보와 유해한 정보를 구분할 수 있는 능력이 전혀 없으므로 부모님이 바람직하지 않은 정보를 걸러주는 역할을 해야 합니다. 아기가 접하게 될 다양한 자료나 환경을 사전에 꼼꼼히 살펴보도록 합니다.

• 아기에게 적합한 교재, 교구, 텔레비전 프로그램, 영상물인지 다시 한번 주의 깊게 살펴보도록 합니다. 아기가 장시간 영상물이나 학습중심 내용에 노출되면 아기의 뇌에 스트레스 호르몬인 코티졸이 영향을 줄 수 있습니다.

• 아무리 훌륭한 교재, 비디오, 텔레비전 프로그램이라 해도 직접 얼굴을 보는 것만큼 좋은 것은 없습니다. 부모님이나 양육자가 직접 목소리를 들려주고 눈맞춤을 하면서 이야기를 들려주는 것이 가장 좋습니다.

언어발달을 위해 거울신경세포를 자극해 주세요

• 거울신경세포를 자극하는 가장 좋은 방법은 아기와 대화를 하는 것입니다. 다정한 눈으로 아기의 눈을 마주 보며, 자주 말을 걸어주고, 아기의 옹알이나 아기가 보이는 반응들에 응답하듯 대화를 하면 거울신경세포가 크게 활성화됩니다.

• 아기와 대화를 할 때는 패런티즈 화법을 활용합니다.

　① 아기 얼굴에 엄마 얼굴을 가까이 대고 눈을 마주 봅니다. 아기가 엄마의 목소리와 입 모양을 바라볼 수 있도록 합니다.

　② 문장은 짧을수록 좋습니다.

　③ 빠르게 얘기하다가 천천히 얘기하는 등 리듬감을 살려서 말하도록 합니다.

　④ 분명하게 또박또박 발음합니다.

　⑤ 모음은 길게 발음합니다. 예를 들면 "그랬어요오오?"라고 말합니다.

　⑥ 아기에게 처음 들려주는 단어나 익숙하지 않은 문장은 반복해서 들려줍니다.

뇌가 쑥쑥 크는 활동 모음

1. 사회성 발달을 위한 활동

거울신경세포의 작용으로 사회성이 발달하기 시작하는 시기에는 아이와 안정적인 애착을 형성하면서 기초적인 사회적 행동들을 가르치도록 합니다.

① 시간이 될 때마다 아이를 안아주고 대화를 나누도록 합니다.
② 어른들이 사용하는 물건의 축소판 같은 장난감보다는 공, 담요, 쿠션 등 일상생활의 소품으로 놀이를 하도록 하고, 놀이를 할 때는 엄마 아빠가 적극적으로 참여해 아이가 즐겁게 반응할 수 있도록 합니다.
③ 위험하지 않도록 주변을 정리하고 20~30분 정도씩 아이가 혼자 노는 시간을 마련해 주도록 합니다. 아기가 혼자서 장난감을 탐색하거나 혼잣말을 하는 시간도 필요합니다. 혼자 노는 놀이를 통해 다른 사람과 같이 놀 때와의 차이를 익히고 노는 방법을 터득할 수 있습니다.
④ 스마트폰, 텔레비전, 영상물 등에 아이를 노출시키지 않도록 합니다. 아이는 이제 막 거울신경세포가 발달하는 중요한 시기이므로 사람과 상호작용하는 것이 무엇보다 필요합니다.

2. 정서발달을 위한 활동

정서를 이해하고 구별하는 전두엽이 발달하기 시작하는 시기이므로 아이에게 정서에 대한 얘기를 자주 해주고 감정과 관련된 다양한 표정을 보여주면서 이해를 돕도록 합니다. 아래 활동들은 2세 이후의 연령대의 아기들에게 제공해 주시면 좋습니다.

① 단순 정서, 즉 일차 정서는 아이도 잘 이해하고 있으므로 복합적인 정서를 알려줍니다. 정서와 관계된 얘기 혹은 관련 표정을 지어 보여주면서 이해를 시키도록 합니다. 잡지나 책에 등장하는 인물들의 표정을 보며 대화를 나누는 방법도 좋습니다. 예를 들어 "이 사람은 어떤 기분인 것 같아?", "왜 그런 기분을 느낀 걸까?", "너는 어떨 때 그런 기분이 들어?"와 같은 질문을 해봅니다.

② 정서를 이해시키면서 정서를 표현하는 방법도 함께 알려줍니다. 예를 들어 "이 아이는 어떤 기분일까? 그럼, 네가 그런 표정 한번 지어볼래?" 하면서 각 정서의 표정들을 익히도록 합니다.

③ 상황에 따라 적절하게 표현되어야 하는 정서에 대해 이야기를 나누도록 합니다. 예를 들어 "반가운 할머니가 집에 오시면 ○○이는 어떤 표정을 지을 것 같아?"라는 질문을 하면서 대인관계에서 나타날 수 있는 정서 표현의 방법들을 알려줍니다.

3. 언어발달을 위한 활동

일어문에서 출발해 언어라는 상징을 이해하고 사용할 줄 아는 뇌의 발달이 나타나므로 다양한 활동을 통해 언어발달을 촉진하도록 합니다. 언어발달의 첫 출발은 말하기와 듣기이므로 말하기와 듣기 활동을 다양하게 합니다.

① 말하기 활동 1 - 이야기 꾸미기(만 3세부터)
- 이야기 꾸미기는 아이가 자신의 생각을 표현하고 창의적 사고를 유도하는 재미있는 언어활동입니다.
- 엄마와 아이가 직접 경험해 보지 못한 상황에 대해 상상력을 발휘해 이야기를 만들어가는 활동입니다.
- '만일 ~라면'이라고 상상해서 말하는 방법이 있습니다. 예를 들어 '만일 내가 백설공주라면 어떻게 할까?'와 같이 이야기를 꾸며봅니다.
- '마치 ~인 것처럼' 행동하며 이야기를 꾸미는 방법도 있습니다. 예를 들면 '선생님이 된 것처럼 말해보기' 등이 있습니다.
- 글자 없는 그림책이나 그림을 보면서 이야기를 꾸미는 방법도 있습니다. 그림을 보면서 다음 장면에서 어떤 이야기가 펼쳐질지 이야기해 보도록 합니다. 부모님이 먼저 이야기를 시작하시는 것도 좋습니다.
- 몇 장의 그림카드를 연결해 창의적으로 이야기를 꾸며봅니다.
② 말하기 활동 2 - 노래 부르기(만 2세부터)
- 아이가 기억하기 쉽게 리듬과 멜로디가 단순한 노래를 선택합니다.
- 노래를 부른 후 아이에게 노래에 대한 느낌이 어떤지 이야기해 보도록 합니다.

- 노랫말 중에 아이가 이해하지 못하는 어휘나 문장이 있는지 확인하고, 모르는 어휘나 단어가 있으면 설명해 줍니다.
- 익숙한 노래의 노랫말을 바꿔보거나 반복적으로 나오는 단어를 바꿔서 불러보도록 합니다. 예컨대 아기의 이름을 넣어보거나 하고 싶은 일로 가사를 바꿔서 불러봅니다.

③ 듣기 활동 1 - 소리 알아맞히기(만 2세부터)

- 소리가 나는 물건 하나를 숨기고 아이에게 소리를 들려준 후 그 물건이 무엇인지 알아맞히는 활동입니다.
- 동물이나 기계 등의 소리를 흉내 내면 아이가 듣고 알아맞히도록 합니다.

④ 듣기 활동 2 - 언어적 지시 따르기(만 2세부터)

- 언어적 지시에 따라 심부름하기, 물건의 수를 점점 늘려서 말하거나 색, 크기, 모양 등을 추가해서 말하면 주의 깊게 알아듣고 가져오는 활동입니다.
- 언어적 지시에 따라 동작을 해보는 놀이 하기
  예 : 엄마가 가라사대, 엉덩이를 두 번 흔들고, 코를 잡고 한 바퀴 돌아라.
- 언어적 설명을 듣고 알아맞히는 놀이 하기
  예 : 다리가 열 개이고, 세모 모양의 머리를 가진 것은 무엇일까?
- 물건을 보지 않은 상태에서 설명을 듣고 찾아오는 보물찾기 놀이 하기

⑤ 듣기 활동 3 - 동화 듣기(만 2세부터)

- 영유아는 동화 듣기를 통해서 정보를 얻거나 개념을 형성할 뿐 아니라 상황에 맞는 적절한 어휘나 문장 표현을 익히므로 평소에 자주 동화를 들려줍니다.
- 연령이 낮을수록 품에 안거나 무릎 위에 앉혀놓고 동화를 들려줍니다.
- 동화책을 읽을 때는 영유아의 연령에 적합한 주제인지 꼭 확인합니다.
- 그림 자료, 인형, 실물 등의 자료를 함께 보여주면 더 효과적입니다.
- 동화를 들려줄 때는 동화 제목, 지은이 순서로 말해주고 이야기 내용에 따라 목소리의 강약, 억양 등에 변화를 주면서 들려줍니다.
- 이야기를 듣는 아이의 표정과 반응을 살피면서 천천히 혹은 빠른 속도로 들려줍니다. 반복되는 단어나 문장은 아이가 따라 해보도록 하는 것도 좋습니다.

Chapter 3

4~6세 :
이 시기에 만들어진 발달로
아이는 평생을 살아간다

성공과 행복의 열쇠,
인성과 사회성

인성을 결정하는 뇌 영역

"저 사람은 마음이 참 따뜻한 사람이야" 혹은 "인간성이 좋은 사람이야"라고 할 때 대부분의 사람들은 가슴을 떠올리지요. 생각하지요. 그런데 이제는 인성이나 마음을 얘기할 때 머리를 생각해야 할 것 같네요. 인성과 도덕성을 좌우하는 뇌의 영역이 바로 전두엽이기 때문입니다. 좀 더 정확하게 말하면, 전두엽 중에서도 앞이마 부분에 해당하는 전전두엽prefrontal lobe이 인성이 담겨 있는 곳이며 도덕성을 결정하는 영역입니다.

대뇌피질은 인간 뇌의 가장 바깥쪽에 위치하고 있는데, 그중 이마 부분인 전두엽은 대뇌피질의 다른 영역을 이끄는 CEO 역할을 담당합니다. 예를 들면 말, 글을 담당하는 언어중추는 좌측 측두엽에 있지만, 전두엽과 함께 활성화가 되어야 우리가 언어를 기억하고 활용도 원활하게 할 수 있습니다.

그러므로 전두엽이 사람다운 생각과 활동을 할 수 있도록 전반적인 기능을 담당하고 다른 대뇌피질들을 진두지휘하는 것이지요. 전두엽의 가운데 앞이마에 해당하는 전전두엽은 특별히 감정을 통제하고 관리하는 기능과 더불어 사람들의 눈치를 살피게 하고, 중요한 의사결정을 제대로 하도록 도와주는 역할을 담당하는데요. 이처럼 다양한 전두엽과 전전두엽의 역할을 자세하게 살펴보도록 하겠습니다.

기억을 책임져요

전두엽의 첫 번째 역할은 기억과 관련이 있습니다. 우리가 무엇인가 새로운 것을 배우게 되었을 때 그것을 잊어버리지 않고 기억하도록 하는 기능을 전두엽에서 담당하는데요. 이때 기억해야 할 것과 그냥 지나쳐도 될 내용을 선택적으로 구별하는 기능도 같이 수행하지요. 이처럼 선택적으로 기억하는 것은 우리가 일상을 잘 유지하기 위해서 정말 필요합니다. 가령 눈에 보이는 대로, 귀에 들리는 대로 우리가 접하게 되는 모든 것을 기억한다면 어떻게 될까요? 아마 뇌가 과부하에 걸려 온통 뒤죽박죽되겠지요.

기억과 관련된 기능은 학습과도 연결되어 있습니다. '이건 지난번에 배운 것과 비슷함', '잘 모르는 내용임'이라고 분류하고 비교하면서 세분화하게 되지요. 이렇게 머릿속에 들어온 정보를 잘 정리된 서랍과 같이 저장해서 필요할 때 빠른 속도로 찾아내 쓰도록 만듭니다.

정리가 잘 되어 있는 서랍에서는 물건을 찾기도 쉬운 것처럼 전두엽은 새로 익힌 정보와 이전에 배운 정보를 잘 분류하여 정리해 두고 있다가 우리가 필요할 때 제대로 잘 꺼내 쓰도록 만들어줍니다.

지능과 언어를 책임져요

전두엽의 두 번째 역할을 언어를 사용할 수 있게 하고 지능을 갖게 하는 것입니다. 언어를 주로 관장하는 영역은 왼쪽 귀 뒤에 있는 측두엽입니다. 좌측 측두엽에 언어중추가 있지요. 그렇지만 전두엽과 함께 기능해야만 언어를 보다 용이하게 활용하도록 하고 기억하게 됩니다.

왼쪽 측두엽과 전두엽 사이에는 브로카 영역과 베르니케 영역이 있습니다. 이 두 영역은 언어라는 상징을 이해하고 표현하는 기능을 맡고 있습니다. 브로카 영역에서는 표현하고 싶은 생각이나 말을 언어로 드러낼 수 있도록 하고, 베르니케 영역에서는 상대의 질문과 의도에 맞게 의미를 담아서 말을 하도록 합니다.

브로카 영역과 베르니케 영역의 뇌세포들이 활성화되면서 우리는 말에 의미를 담아 표현하고 말하게 되지만 이때도 전두엽의 도움을 받아야 합니다. 전두엽이 이전에 학습한 내용을 기억하고 그 내용 중 상황에 맞는 말과 내용이 무엇인지 판단하는 기능을 담당하기 때문에 완벽한 언어를 구사하기 위해서는 전두엽과 함께 작용해야 하는 것이지요.

인지능력, 즉 계산하고 추론하고 논리적으로 사고하는 데에도 전두엽이 관여합니다. 이러한 능력이 얼마나 뛰어나느냐에 따라 지능이 결정됩니다. 우리가 보통 지능이 높다고 하면 어떤 능력을 떠오르게 되나요? 앞서 말한 계산, 추론, 논리적 사고, 기억 모두 포함되지요. 인간이 지능을 갖게 된 것도 바로 전두엽이 작동하기 때문입니다. 지적인 사고능력은 전두엽에서 기억하고 학습한 내용을 바탕으로 만들어지는 것입니다.

감정관리자

전두엽의 가운데 이마 부분, 앞이마에 해당하는 영역을 전전두엽이라고 합니다. 바로 이 전전두엽이 우리의 감정관리자의 역할을 담당합니다. 즉, 전전두엽은 정서 조절과 관리의 기능을 수행하는 것이지요. 뇌 구조 중에서 감정이 발생하는 곳은 대뇌피질 안쪽에 자리 잡고 있는 변연계 중에서도 특히 편도체입니다. 이곳에서 우리가 느끼는 온갖 종류의 감정들이 발생하게 됩니다. 그런데 발생되는 감정대로 행동하면 어떤 상황이 벌어질까요? 편도체에서 분노가 발생해서 화나게 만든 사람을 때리고 욕한다면 어떻게 될까요? 이상형에 가까운 멋진 사람을 보게 되고 설레고 두근거리는 감정이 편도체에서 발생한다고 그 사람을 마구 끌어안고 애정 표현을 한다면 어떻게 될까요? 편도체에서 발생하는 감정대로 행동한다면 이 세상은 당황스럽고 공포스러운 일로 가득할 수도 있습니다.

다행인 것은 편도체에서 발생한 정서를 관리하고 통제하는 기능을 담당하는 곳이 있다는 점입니다. 바로 전두엽, 정확하게 말하면 전전두엽이지요. 예를 들어 누군가의 무례한 행동을 겪게 되어 편도체에서 '분노'라는 감정이 발생하게 되었다고 가정해 보지요. 이때 이러한 감정이 이끄는 대로 그대로 드러내는 것이 적절한지, 아니면 일단 참고 감정을 다스리는 것이 적절한지 고민하고 행동을 선택하게 되는데요. 이러한 역할을 전전두엽에서 수행하게 됩니다. 감정 혹은 기분을 평소에 잘 관리하고 통제하며 조절하는 사람은 전전두엽의 기능이 매우 잘 작동되고 있는 사람인 것이지요.

따뜻함은 가슴이 아니라 머리랍니다

전전두엽이 인성의 출발점이라는 주장을 입증해 주는 실제 사례가 있습니다. 1848년 미국 버몬트에서 철로 작업을 하던 철도 노동자 피니어스 게이지Phineas Gage가 바로 그 대표적인 예입니다. 그는 철로를 설치하는 작업을 하다가 큰 사고를 당하게 됩니다. 쇠로 만든 철로를 놓기 위해 땅을 고르다가 커다란 바위를 없애기 위해 다이너마이트를 설치했는데 실수로 불꽃이 다이너마이트에 옮겨 붙으면서 큰 폭발이 일어났던 것입니다. 이때 6킬로그램이 되는 철로의 쇠기둥이 날아가 그대로 게이지의 얼굴을 관통했고 그는 쇠기둥이 얼굴에 꽂힌 채 27미터나 날아갔습니다.

놀랍게도 그는 죽지 않았습니다. 머리에 쇠기둥이 꽂힌 채 그는 잠시 경련을 일으켰다가 다시 일어나 앉아 그를 걱정스럽게 바라보는 동료에게 자신의 근무시간을 정확하게 적어달라는 요청까지 했습니다. 인근에서 급히 달려온 의사는 그를 병원으로 데리고 가서 머리에 꽂힌 쇠기둥을 떼어내고 상처를 치료했습니다. 몇 개월이 지난 후 그의 상처는 아물었고 겉으로 보기에는 멀쩡해 보였습니다. 그런데 그는 더 이상 예전의 게이지가 아니었습니다.

그의 아내를 비롯한 가족들, 그리고 친구들은 그를 너무도 낯설어하고 마치 다른 사람을 보는 것 같은 기분이 들었습니다. 다치기 전에 그는 친절하고 믿음직스러운 사람이었습니다. 그를 아는 많은 사람은 그를 훌륭한 인성을 가진 사람이라고 말하였으며 그에 대한 평판은 너무도 좋았습니다. 그러나 머리를 다친 후의 그는 완전히 다른 사람으로 변해버렸습니다. 따뜻한 인간성도 사라졌고, 자주 발작이 일어났는데 발작을 일으킬 때마다 적개심으로 가득 차 난폭한 행동을 일삼았습니다. 심지어 도둑질과 이간질로 일하던 곳에서 쫓겨나기까지 했습니다. 그는 이제 감정을 통제하지 못했고 미래를 위한 계획도 세우지 못했고 현명한 판단을 내리는 것은 아예 불가능해 보였습니다.

결국 그는 모든 사람에게서 멀어진 채 홀로 지내다 발작으로 숨을 거두었습니다. 그를 치료했던 의사를 비롯한 몇 명의 연구자들은 그의 시신을 수습하여 어떤 이유로 그가 그렇게 변한 것인지 연구했습니다. 게이지의 뇌를 해부해 보니 전전두엽의 뇌세포가 손상된 것이 발견되었습니다. 그가 그렇게 변한 것은 전전두엽 손상으로 인해 정서 조절, 추론, 계획, 상위 인지기능을 상실하게 되었던 것입니다. 그는 가족과 친구들로부터 버림받은 채 비참하게 생을 마감했지만 뇌를 연구하는 학자들과 연구자들에게는 전전두엽이 정서 조절에서 핵심적 역할을 한다는 사실을 알 수 있게 해주었지요.

이처럼 감정과 정서를 조절하는 전전두엽은 매우 어린 시기, 즉 유아기 때부터 발달하기 시작됩니다. 짜증이 나거나 속이 상할 때 자신의 감정을 조절하려는 노력과 다른 사람의 감정과 기분을 이해하고 어떻게 표현하는 것이 적절한지 판단하는 능력 등이 이미 유아기의 전전두엽에서 형성되고 있는 것입니다.

1등의 싹은 4세부터

마시멜로 실험에 대해서는 들어보셨을 것입니다. 달콤한 간식 앞에서 더 큰 보상을 받기 위해 누가 유혹을 참아내는지를 알아보는 실험이었지요. 재미있는 것은 이 실험에 참여한 연구 대상이 4세 아이들이라는 점입니다.

엄마가 돌봐줘야 할 어리고 미성숙한 4세 아이 중 일부가 앞으로 자신이 얻게 될 결과를 기대하면서 당장의 유혹을 참았다는 것은 예상 밖의 놀라운 일이었습니다.

많은 사람들은 학교에서 우수한 성적을 보였던 사람이 반드시 사회에서도 행복하고 성공적인 삶을 사는 것은 아니라는 것을 알고 있습니다. 그렇다면 사회에서 성공하는 삶을 살기 위해서 갖추어야 할 능력은 과연 무엇일까요? 이 질문에 대한 답이 바로 마시멜로 실험 결과에서 얻을 수 있습니다.

마시멜로 실험 결과에 비추어 보면, 사회에서 성공하는 사회 우등생의 싹은 유아기 때부터 보이기 시작합니다. 사회 우등생들은 자신의 감정을 잘 관리하고 조절하면서 다른 사람들을 이해하고 공감하는 능력을 가지고 있는 사람들인데요, 이러한 능력은 하루아침에 생기는 것이 아니며, 4세 때부터 시작되는 유아기의 뇌발달 특성과 밀접한 관련이 있다고 볼 수 있습니다. 자신을 다스리고 다른 사람들과 더불어 살아가는 데 필요한 사회성은 유아기 때부터 길러지는 것입니다.

마시멜로 실험에서 4세 아이들이 보여준 유혹에 대한 저항능력과 더 큰 결과와 목표 달성을 위하여 당장의 만족을 참아낸 만족지연능력 역시 전전두엽에서 담당합니다. 그래서 아이가 마시멜로를 먹지 않고 참게 되었을 때 얻게 되는 결과와 참지 못하고 먹게 되었을 때의 결과를 비교하면서 행동을 선택하도록 판단을 내려주는 역할을 전전두엽에서 수행하는 것입니다.

아이가 유혹을 참지 못하고 마시멜로를 먹어버렸다면 전전두엽이 아직 발달하지 않았다고 말할 수 있겠습니다. 변연계가 느끼는 욕구와 감정을 그대로 행동으로 옮겨버린 상태라고 볼 수 있는 것이지요. 전전두엽이 발달하면 아이들은 상황에 맞게 행동을 자제하기 시작합니다. 자신의 행동이 다른 사람들에게 피해를 줄 수도 있다고 생각하게 되는 것입니다. 다른 사람들 입장에 공감하면서 그들에게 도움이 되는 행동을 하기도 하고요. 이때부터 인성, 사회성, 도덕성이 발달하게 됩니다. 전전두엽이 발달하지 않으면 다른 사람들의 입장을 헤아리는 데에 어려움을 느끼게 됩니다.

전전두엽이 제대로 발달하지 않았거나 손상된 사람들은 자신에게 이익이 되는 일이라면 다른 사람들에게 해를 끼쳐도 아무런 죄책감을 느끼지 못합니다. 미국 서던캘리포니아대학 에이드리언 레인 Adrian Raine 교수는 전전두엽의 기능을 알아보기 위해 일반인들과 범죄자 특히, 연쇄살인범들의 뇌 활동과 대뇌피질의 모습을 촬영해 비교하는 연구를 수행했는데요. 그 결과, 범죄자들은 일반인들에 비해 감정을 조절해 주는 전전두엽의 활동이 현저히 떨어지는 것으로 나타났습니다. 이런 사람들은 다른 사람들 때문에 화가 나거나 욕구가 생기면 감정을 통제하거나 조절하지 못하고 감정을 참지 못한 채 내키는 대로 드러내는 모습을 보이게 됩니다. 또한 다른 사람들의 입장이나 아픔을 이해하지 못하기 때문에 사람들에게 해를 입히고 범죄를 저질러 놓고도 죄책감을 느끼지 않습니다. 물론 정상적인 사람도 전전두엽이 손상되거나 부상을 입으면 범죄자들과 비슷한 행동을 보일 수 있습니다.

콩 심은 데 콩 난다
마시멜로 실험의 연구결과와 뇌의 관찰 결과를 토대로 우리는 사회성, 도덕성 인성을 담당하는 곳이 전전두엽이라는 사실을 알게 되었습니다. 전전두엽의 발달이 유아기부터 시작된다는 사실도 속 속 밝혀지고 있고요.

그렇다면 자녀에게 전전두엽이 발달한 사회 우등생으로 키워주려면 어떻게 해야 할까요? 가장 좋은 방법은 어릴 때부터 인성, 도덕성 그리고 정서 조절을 담당하는 전전두엽의 신경세포망이 활발하게 형성되도록 도와주는 것입니다. 전전두엽 피질이 많이 생기게 하고 복잡한 세포들의 연결망이 만들어지도록 하려면 반복적인 경험과 연습을 해야 합니다. 뇌세포와 뇌세포 간의 연결망은 한번 연습했다고 만들어지는 것이 아니니까요. 최소한 3개월에서 6개월 정도는 반복해야 연결망이 확실하게 만들어지고 능력이 생기게 됩니다.

전전두엽 발달을 위해서 반복적 연습을 해야 할 대표적인 행동 중 하나는 부정적 감정 표출에 대한 조절과 제지입니다. 아이가 부정적인 감정을 느끼거나 짜증이 날 때 주변 사람들에게 바람직하지 않은 방법으로 행동을 하면 분명하게 제지를 해야 합니다. 이런 제지를 통해 전전두엽 피질은 화를 내거나 짜증을 내는 행동이 안 좋은 것이라는 기억을 하게 되고 더 나아가 정서를 조절하고 관리하는 피질이 발달하게 됩니다.

만약 부모가 "에이, 아직 어린데 뭐", "철들면 알아서 하겠지" 하고 내버려둔다면 아이는 감정 조절 능력을 키울 수 있는 기회를 영원히 잃어버릴 수도 있습니다.

자녀가 감정을 제대로 조절하는 능력을 갖게 하는 데는 무엇보다 부모님, 양육자의 역할이 큽니다. 부모님의 감정 조절과 자녀의 감정 조절의 관련성이 높기 때문입니다. 많은 연구를 통해 부모님의 감정 조절능력과 자녀의 감정 조절능력은 거의 일치하는 것으로 나타났습니다. 부모님이 화가 날 때마다 뭔가를 부수거나 공격적이고 폭력적인 행동을 보인다면 자녀들도 비슷한 행동을 보인다는 것입니다.

그러나 화가 났을 때 긍정적인 생각을 하기 위해 노래를 부르거나 명상을 하는 등 감정을 조절하기 위해 노력하는 부모님의 자녀는 비슷한 양상을 나타냅니다. 부모의 감정 조절 행동을 그대로 보며 자라온 자녀의 전전두엽 신경세포망이 부모님처럼 형성되기 때문입니다.

더 알아보기

마시멜로 실험

마시멜로 실험은 우리 아이들에게 어떤 능력을 키워줘야 하는지에 대한 답을 주고 있습니다. 이 실험은 1960년대에 미국 스탠포드대학의 월터 미셸Walter Mischel 박사가 4세 아이들을 대상으로 실시한 욕구조절에 관한 실험이었습니다. 미셸 박사는 아이들에게 마시멜로를 한 개씩 나누어주면서 자신이 나갔다가 돌아올 때까지 먹지 않고 기다리는 사람에게 보너스로 하나를 더해서 두 개의 마시멜로를 먹을 수 있게 해주겠다고 약속했습니다. 그리고 약 20분 동안 4세의 아이들을 달콤한 유혹 앞에 놓여 있게 했습니다. 바로 아이들의 눈앞에 마시멜로를 놓아둔 채 실험실 밖으로 나온 것입니다.

시간이 지나자 아이들의 행동은 세 집단으로 구분할 수 있었습니다. 첫 번째 집단의 아이들은 미셸 박사가 방을 나가자마자 눈앞에 있는 마시멜로의 유혹을 참지 못하고 먹어버렸습니다. 두 번째 집단의 아이들은 두 개의 마시멜로라는 더 큰 결과를 기대하면서 참아보았지만 결국 중간에 포기하고 먹어버렸습니다. 세 번째 집단의 아이들은 끝까지 유혹을 참아냈습니다. 이 실험에서 흥미로웠던 것은 아이들이 유혹을 참고 기다릴 때 나름의 전략을 활용하는 모습을 보였다는 것입니다. 고작 4세밖에 되지 않은 아이들은 노래를 부른다거나 게임을 한다거나 잠을 청해보는 등 그 시간을 견디기 위한 각자의 전략과 방법들을 활용하면서 인내의 시간을 버텼습니다.

미셸 박사는 이 아이들을 집단별로 잘 기록해 두었다가 15년 동안 성장하고 살아가는 모습을 추적, 관찰했습니다. 그가 오랜 시간을 관찰하면서 얻게 된 결론은 다음과 같습니다.

첫 번째, 먹고 싶은 욕구와 유혹을 참지 못했던 아이들은 작은 어려움에도 쉽게 좌절했으며, 스트레스도 많이 받았고, 친구도 없이 외톨이로 학교를 다녔다는 것입니다.

그러나 먹고 싶은 욕구를 잘 참아낸 아이들은 어디에서든 잘 적응했고 적극적인 성격으로 학교에서는 '인기 있는 친구'가 되었습니다.

두 번째, 미국의 대학수능시험인 SAT에서 유혹에 쉽게 굴복한 아이들과 잘 참아낸 아이들의 점수는 무려 125점이나 차이를 보였습니다. 유혹을 참지 못했던 아이들은 500대 점수를 받았고, 잘 참고 기다려서 마시멜로 두 개를 먹게 된 아이들은 600~700대의 점수를 받았습니다.

이 실험은 단지 머리가 좋은 것보다는 자신의 감정을 잘 추스르고, 눈앞의 달콤함보다는 미래의 더 큰 열매를 추구할 줄 아는 능력이 그 사람을 성공으로 이끈다는 교훈을 남겨주었습니다.

말과 함께 자라는
생각의 숲

마술 같은 언어 습득 장치

약 20여 년 전 박사 후 과정을 이수하기 위해서 미국에서 3년 넘게 지낸 적이 있었습니다. 각국에서 온 유학생과 그 가족들이 함께 생활할 수 있는 비교적 저렴한 가족 단위 기숙사에서 지내게 되었는데, 국적, 인종, 문화가 다양한 학생들이 모여 사는 곳이다 보니 학생들의 어린 자녀들도 자연스럽게 어울려 놀았지요.

특히 학교 기숙사의 한복판에 위치한 놀이터에서는 하루 종일 아이들의 웃음소리와 왁자지껄한 소리가 끊이지 않았습니다. 그런데 어느 날 놀이터에서 아이들이 노는 모습을 보러 갔다가 깜짝 놀란 적이 있습니다. 바로 아이들끼리 소통하는 모습 때문이었는데요. 여러 국적의 아이들이 모이는 놀이터이다 보니 피부색과 언어가 제각각이었지요. 물론 대부분의 아이들은 영어를 사용하고 있었습니다.

그런데 영어를 접하거나 유아교육 기관에서 영어를 배워 본 적이 없는 아이들이 놀이터에 가면 다양한 국적의 또래 친구들과 영어로 대화를 하는 것이었습니다. 물론 문법에서 완전히 벗어나 있는 영어였고 때로는 정체불명의 말들이 가끔씩 튀어나오기도 했습니다. 하지만 대체로 영어 단어를 사용해서 대화하고, 자신의 의사를 자유롭게 표현하는 모습을 보면서 눈이 휘둥그레진 적이 있었습니다.

이 시기에 아이들은 하루가 다르게 부쩍 성장했습니다. 키나 몸무게 같은 신체적이고 물리적인 성장뿐만 아니라 사고하고, 기억하고, 언어로 표현하는 능력이 발달하는 것을 느낄 수 있었습니다. 이러한 성장은 키나 몸무게처럼 겉으로 드러나거나 눈으로 바로 확인할 수 있는 것은 아닙니다. 왜냐하면 머릿속에서 일어나는 발달이자 성장이기 때문입니다.

인간만이 말을 하는 이유

인간은 다른 동물과 다르게 가지고 태어나는 능력이 있습니다. 바로 언어 습득 장치와 그것을 가동하는 능력이지요. 이 특별한 능력과 장치는 인간의 다른 능력, 예컨대 계산하고, 판단하며, 이해하는 인지적인 기능과 구별되며 인간만이 갖고 태어납니다. 그런데 이 장치와 능력이 제대로 작동되려면 꼭 필요한 요건이 있습니다. 그것은 제때에 정보를 제공하는 것입니다. 언어 습득 장치가 가동하는 시기에 맞춰 적절한 언어 자극을 주는 것은 흡사 어린 아이의 발달 상태에 맞춰 음식을 제공하는 것과 같습니다. 신생아기에는 모유나 분유를 주고, 다음 시기에는 이유식을 주며 그다음 시기에는 고형식을 주는 것처럼 아이의 뇌발달 상태에 적합한 언어자극을 경험하게 하는 것이지요. 이것은 발달의 결정적 시기와 연결되는 것입니다. 즉, 인간의 언어능력은 유전되며, 그 능력이 발달하는 데 결정적으로 중요한 시기가 있다는 말이랍니다. 이를 입증할 수 있는 연구들은 수없이 많습니다. 그중 최근에 진행된 연구를 살펴보도록 하겠습니다.

캐나다 몬트리올 맥길 대학교의 레이첼 메이베리Rachel Mayberry 박사는 청각장애를 가진 유아들을 대상으로 언어능력을 연구했습니다. 박사는 먼저 선천적으로 청각장애를 가진 유아들과 후천적으로 청각장애가 발생한 유아들을 구분하여 조사하였습니다. 선천적으로 청각장애가 있는 유아들의 경우, 부모는 청각장애가 없었고, 나중에 청각장애가 있다는 것을 발견하면서 수화를 배웠습니다. 후천적인 청각장애를 가진 유아들의 경우에는 청각과 관련된 질환을 앓게 되면서 청각장애가 발생하였고, 그 전까지는 언어를 배운 적이 있는 아이들이었습니다.

선천적인 청각장애아와 후천적인 청각장애아는 비슷한 시점에 수화를 배웠습니다. 그런데 수화의 습득 능력과 속도에서는 상당한 차이가 있었지요. 후천적인 청각장애아들은 그 이전에 말을 들어본 적이 있고, 언어를 이해하고 있었기 때문인지 수화를 굉장히 빠르게 배웠고 능숙하게 잘했습니다. 말을 들어봤던 기간이 길면 길수록 수화를 배우고 익히는 속도가 빨랐습니다.

반면에 선천적인 청각장애로 인해 말을 전혀 들어본 적이 없는 유아들은 수화를 익히는 데 상당한 시간이 걸렸습니다. 특히, 부모가 아이의 청각장애를 늦게 발견해 수화를 배우는 시기가 늦어진 경우에는 수화를 습득하는 속도가 더욱 느렸고 유창하게 사용하기까지 많은 어려움을 겪어야 했어요. 그나마 선천적인 청각장애아 중에 부모가 같은 청각장애를 가지고 있는 경우에는 일찍 수화를 접하고 익혀서인지 늦게 발견한 청각장애아보다 쉽게 수화를 배우고 능숙하게 사용하는 것으로 나타났습니다.

이러한 연구 결과를 통해서 누구나 언어를 사용하고 습득할 수 있는 하드웨어가 뇌에 있다는 것을 알 수 있습니다. 비록 말을 못 하는 청각장애아라 해도 수화라는 언어를 자연스럽게 습득해 의사소통을 하는 것을 보면 더욱 그렇습니다. 또한 언어를 잘 습득하기 위해서는 언어가 잘 발달할 수 있는 시기에 경험을 하는 것이 중요하다는 것을 알 수 있지요. 후천적인 청각장애가 수화라는 언어를 잘 사용할 수 있었던 것도 말과 언어를 배우기 시작하는 시점에 어느 정도 경험을 했기 때문입니다.

그렇다면 인간이 선천적으로 언어 습득 장치를 가지고 태어나는 이유는 무엇일까요? 그것은 아마도 인간이 동물과 달리 사고하고, 판단하며, 의사결정을 하는 논리적 사고와 지능을 갖기 위함일 것입니다. 우리가 말과 글을 알고 사용하게 됨으로써 지식을 갖게 되고 정보를 활용하며 문제를 해결하면서 지능이 형성되는 것입니다.

지키거나 잘라내거나

앞서 언어 발달과 관련된 결정적 시기에 대하여 말씀을 드렸는 데요, 언어는 언제부터 발달하게 되는 걸까요? 일반적으로 언어발 달의 결정적 시기는 4세 때부터 서서히 시작된다고 알려져 있습니 다. 과연 이 시기에 우리 아이들의 뇌에서는 어떤 일이 일어나는 것 일까요? 언어발달의 결정적 시기에 관여하는 두 가지 뇌발달적 특 성에 대해 알아보도록 하겠습니다.

수초로 보호하기

앞서 수초에 대해서 말씀드렸는데 언어발달과 수초도 관련이 있 습니다. 4세 정도가 되면 언어기능을 주로 담당하는 좌측 측두엽의 뇌세포들이 언어를 잘 사용할 수 있도록 정리정돈을 하기 시작합니 다. 그림을 보면서 상세히 알아보도록 할까요. 아래 그림에서와 같 이 세포체에서 줄기처럼 생긴 축색이 뻗어 나와 있습니다. 축색 주 변에는 볼록한 주머니 모양으로 보이는 수초가 있는데, 수초는 축 색을 감싸고 보호하는 역할을 담당합니다. 수초는 지방과 단백질의 혼합물로 만들어져 있고, 태어날 때에는 생성되지 않았다가 아기가 음식물을 섭취하면서 점점 만들어지게 됩니다.

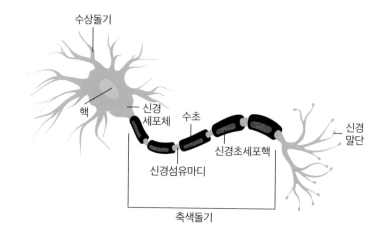

뉴런의 구조와 종류

그렇다면 수초는 어떤 역할을 할까요? 첫째, 뇌세포 간의 정보 전달 속도를 매우 빠르게 만드는 일을 합니다. 수초가 만들어지기 전에는 뇌세포 간에 정보가 전달되는 속도는 아주 느립니다. 마치 지렁이가 기어가듯 가느다란 축색을 타고 정보가 느릿느릿 전달되는 것이지요. 그러다가 수초가 축색 주변에 만들어지면, 느리게 가던 정보의 전달 속도는 수초의 마디마디를 타고 마치 장애물 넘기를 하는 육상선수처럼 도약하면서 다음 뇌세포로 전해지게 됩니다. 수초가 만들어지기 전에는 축색을 따라 천천히 전달되던 정보가 수초를 타고 단숨에 뛰어가는 것이지요.

둘째, 뇌세포를 보호하는 역할도 합니다. 하나의 뇌세포가 다른 뇌세포로 정보를 전달할 때는 어떤 힘으로 이동을 할까요? 바로 전기입니다. 우리의 뇌에는 항상 전기가 흐르고 있습니다. 그리고 전기가 흐르고 있다는 것은 뇌가 활발하게 활동하고 정보를 전달하고 있다는 의미이지요. 어느 정도의 전기가 흐르고 있는지 정확하게 측정할 수는 없지만 대략 초등학생들의 과학실험 도구인 꼬마전구에 불이 들어올 정도의 양이라고 보면 됩니다. 그래서 뇌세포의 축색은 항상 전기에 노출되어 있는데 이때 수초가 전기에 의해 망가질 수 있는 축색을 보호하는 절연 기능을 담당하는 것입니다.

수초가 만들어지는 이 모든 과정을 수초화라고 부르는데요, 수초화는 4세 때부터 활발하게 이루어집니다. 정보를 전달하는 속도가 점점 빨라져서 최적의 상태가 될 수 있도록 뇌세포의 구조가 만들어지는 시기가 4세인 것이지요. 4세 이전의 아이들은 반응도 느리고 무엇인가를 배우는 속도도 빠르지 않습니다. 어디에선가 소리가 나더라도 소리가 나는 쪽을 향해서 천천히 주의를 기울이고 시선을 돌리는 것도 수초가 덜 만들어졌기 때문이지요. 그러다가 수초화가 이뤄지면 아이들은 이전보다 훨씬 빠른 속도로 자극에 반응을 보이고, 말을 배웁니다. 이 시점에서 아이들이 갑자기 사용하는 단어가 많아지는 것을 관찰할 수 있을 것입니다.

사용하지 않는 시냅스 가지치기

언어를 습득하는 데 필요한 두 번째의 뇌 기제는 사용하지 않는 시냅스를 가지치기하는 것입니다. 다시 말하면 불필요한 시냅스가 없어짐으로써 효율적인 언어능력이 발달하게 된다는 것입니다. 몇 년에 한 번씩 길가의 가로수를 가지치기하는 모습을 보게 되는데요,

가지치기를 하는 이유는 나무의 잔가지를 쳐내서 수분과 양분의 손실을 막음으로써 나무의 모양을 좋게 하고 균형 잡힌 성장을 이루기 위해서입니다. 나무의 가지치기와 마찬가지로 뇌세포에서도 가지치기가 일어납니다. 뇌세포 하나에 수없이 연결된 시냅스 중에서 사용되지 않거나 덜 사용되는 시냅스는 시들시들 말라서 사라지게 되는데요, 이렇게 사용되지 않는 시냅스가 없어짐으로써 자주 사용되는 시냅스의 정보 전달 속도는 더욱 효율적이고 빨라지게 되는 것입니다.

인간의 음성언어와 청각능력 등에 대한 연구를 오랫동안 진행해 온 미국 워싱턴 주립대학교 교수인 패트리샤 쿨Patricia Kuhl 박사는 아기가 생후 6개월부터 모국어의 자음과 모음을 구별할 수 있다고 주장했습니다. 쿨 교수는 이를 증명하기 위해 생후 6개월 된 아기가 장난감에 정신이 팔려 있는 동안 아기 뒤쪽에 스피커를 두고 모국어의 자음과 모음 등 무의미한 소음을 무작위로 들려주었는데요. 놀랍게도 아기는 정신없이 장난감을 보다가도 모국어의 자음과 모음이 스피커에서 들릴 때마다 고개를 돌려 소리에 귀를 기울이는 모습을 보였습니다.

이런 식으로 아기 뇌에 모국어와 관련된 신경 세포망 즉, 뇌세포의 시냅스 연결망이 만들어지다가 4세 전후가 되면 모국어와 관련된 신경 세포망을 남겨둔 채 나머지 알 수 없는 소리와 관련된 뇌세포들은 과감히 폐기처분됩니다. 태어난 지 얼마 안 된 신생아의 신경 세포망을 촬영해보면 뇌세포 간의 연결망은 거의 없는 상태로 그저 각각의 뇌세포들만 있는 모습입니다. 그러다가 시간이 흘러가면서 3개월, 15개월 된 아기의 뇌를 보면 현저하게 빠른 속도로 시냅스가 만들어져서 복잡한 그물망 같은 모양이 이루어지지요. 아기를 둘러싸고 있는 온갖 자극들을 통해 신경 세포망이 형성되는 것입니다.

언뜻 생각해 보면 아기가 자극을 많이 받으면 받을수록 시냅스가 더 많이 만들어져 나중에는 엄청나게 복잡한 그물망이 얽히고설키게 되고 오히려 문제가 생기지 않을까라고 생각할 수 있습니다. 그러나 4세 이전까지 계속 증가하던 시냅스, 즉 뇌세포 간의 신경세포망은 4세 무렵부터 정리정돈 즉 청소작업에 들어가게 됩니다. 우리가 사용하지 않는 물건을 차곡차곡 정리해서 내다버리고 집 안을 말끔하게 정리하는 것처럼, 우리가 별로 사용하지 않는 시냅스들은 과감히 폐기처분하고, 자주 접하고 자주 사용하는 특정한 신경 세포망들만 남겨두게 되는 것입니다.

이렇듯 정신없이 어지럽혀져 있던 뇌세포들이 정리되면 보다 효율적으로 뇌를 사용할 수 있게 됩니다. 이러한 과정을 바로 시냅스의 가지치기라고 합니다. 나무가 잘 자라게 하기 위해서 곁가지를 쳐내듯 뇌 사용의 효율성을 위해 사용하지 않는 뇌세포 간의 연결망을 걷어버리는 것이지요.

이러한 가지치기 과정은 유아기, 아동기, 청소년기까지 지속적으로 나타납니다. 그래서 자주 사용하는 신경 세포망인 시냅스 연결망은 보다 튼튼해지고 견고해지면서 성인의 뇌로 점차 만들어지게 되는 것이지요.

4세 무렵에 자주 사용하는 모국어 기능과 관련된 신경 세포망을 주로 남겨두고 가지치기를 하게 되면 언어와 관련된 신경세포망은 더욱 빠른 속도로 활동할 수 있게 되고, 아이들은 우리가 상상하지 못하는 속도로 언어를 배울 수 있게 됩니다.

수초화와 가지치기라는 신기하고 놀라운 뇌기제가 언어발달을 이끌어내면서 아이들은 하루가 다르게 언어와 함께 인지능력도 향상됩니다.

어린아이들이 영어를
빨리 배우는 까닭

언어발달의 결정적 시기가 시작되는 시점에 한국어와 영어에 노출된 아이들은 한동안 두 언어가 혼용된 이상한 언어를 사용하는 모습을 보이게 되는데요. 그러다가 유아교육기관에서 주로 모국어를 듣게 되면 영어는 거의 사용하지 않고 한국어만 사용하게 됩니다.

그런데 귀가 열리는, 즉 언어를 담당하는 청각피질이 막 발달하기 시작하는 이 시기에 외국어를 듣게 되면 억양이나 발음 등이 비교적 정확하게 발음을 하는 모습을 볼 수 있습니다. 물론 문법이나 문장 해석 등의 형식적인 내용은 잘 이해하지 못했지만, 언어와 관련된 소리 기억은 생각보다 오래 남아 있는 것처럼 보입니다.

중학교에 들어가서 영어를 접하고 해석 중심의 영어교육을 받은 저와 비슷한 세대에게는 원어민과 유사한 발음을 흉내 내기도 쉽지 않은데요. 중학교 시절부터 교과서를 통해서 쓰기와 같은 방법으로 영어를 접한 분들이라면 영어로 대화를 하게 되면 이런 경험을 해보셨을 거예요. '주어 다음에 동사, 그리고 목적어를 말해야 하지. 그런데 이 단어가 맞나? 형용사로 써야 하나? 음, 아니지. 저 단어가 더 맞는 표현인가?' 등등의 수많은 문법과 단어를 한국어로 생각을 하면서 정신없는 상태가 됩니다.

그런데 언어발달의 결정적 시기에 영어에 노출된 아이들은 영어로 말할 때 영어로 사고하고 받아들인다는 공통점이 있습니다. 그 많은 시간을 영어 문법을 외우고 단어를 외우는 데 보냈던 경우보다 훨씬 유창하고 자연스럽게, 그리고 무엇보다 편안하게 영어를 사용하게 되는 것이지요. 또한 'r'과 'l' 발음을 구별해서 듣기도 어렵고 발음도 마치 처음부터 머릿속에 새겨져 있었던 것처럼 구별해서 듣고 발음했습니다. 어떻게 된 일일까요?

듣기가 8할

"우리 아이 영어는 언제부터 배우는 것이 좋은가요?", "언어교육은 어떤 방법이 좋은가요?", "어릴 때부터 여러 외국어를 배우는 것이 좋지요?" 아마 언어 학습에 관심이 많은 부모라면 한번쯤은 생각해 본 질문일 것입니다. 언어교육과 언어학습의 효과를 높이기 위해서 결정적 시기를 기억하시면 좋겠습니다. 언어가 발달하는 결정적 시기에 언어를 익히기 시작하면 보다 빠르고 쉽게 언어를 배울 수가 있습니다. 이를 증명하는 연구 결과를 하나 소개하도록 하겠습니다.

　미국에서 뛰어난 언어학, 교육학, 언어학습 전문가 등이 모여 이민자들의 언어능력을 연구하게 되었습니다. 미국 인구의 많은 비율을 차지하는 이민자들이 어떻게 영어를 습득하고 사용하는지를 알아보기 위해서 시작된 연구였습니다. 전문가들은 먼저 이민 온 사람들이 이민 왔을 때의 나이를 조사했습니다. 그리고는 세 집단으로 나누어 보았는데요, 첫 번째 집단은 4세 이전에 이민 온 사람들, 두 번째 집단은 12세 이전에 이민 온 사람들, 세 번째 집단은 18세 이후에 이민 온 사람들로 구분하여 영어 실력이 실제로 차이가 있는지에 대하여 매우 구체적으로 살펴보았습니다. 예컨대, 영어 발음, 대화할 때의 억양과 강세, 말하는 문장의 문법구조, 사용하는 어휘 등에서 원어민에 가까운 영어를 구사하는 사람들은 언제 이민 온 사람들인지를 알아본 것이지요.

　예상대로 가장 뛰어난 영어 실력을 갖춘 사람들은 4세 이전에 이민 온 사람들이었습니다. 그들은 원어민과 같은 발음, 억양, 강세를 보였으며 자신의 국적과 상관없이 생각을 할 때에도 영어로 하였습니다. 하지만 그들에게 모국어에 대한 흔적은 거의 남아 있지 않았습니다. 그다음으로는 12세 이전에 이민 온 사람들을 살펴보았는데, 발음, 억양, 강세 등에서 원어민 못지않은 실력을 보였습니다. 다만 문법구조를 모국어의 문법구조와 혼동해서 사용하는 모습이 자주 발견되었습니다. 그렇다면 두 번째 집단에게는 모국어에 대한 기억이 남아 있다는 것이겠지요.

마지막으로 세 번째 집단인 18세 이후에 이민 온 사람들의 경우, 모국어의 발음, 억양, 강세 등이 포함되어 있는 영어를 구사하는 것으로 나타났습니다. 한국 사람들은 영어로 말할 때에도 한국식 발음과 억양을 사용하는 것으로 나타났으며, 일본 사람들은 일본식 억양과 발음이 섞인 영어를 구사했습니다. 세 번째 집단의 이민자들 중 원어민처럼 발음하는 사람은 거의 찾아보기 힘들었습니다.

세 집단의 사람들이 이러한 차이를 보이는 이유는 무엇일까요? 심지어 4세 이전에 이민 온 사람들이 작정을 하고 체계적인 영어 공부를 한 것도 아닌데도 어떻게 이런 차이를 보이는 것일까요? 굳이 체계적인 영어공부라고 한다면 오히려 18세 이후에 이민 온 사람들의 공부 방식이 더 가까울 것입니다. 우리가 초, 중, 고등학교를 다니면서 그 많은 영어 시간에 배웠던 문법, 어휘, 억양을 떠올려보십시오. 교육과정에 맞추어 교과서를 가지고 체계적으로 얼마나 열심히 공부했는지 말이지요. 그 차이는 바로 자연스럽게 영어를 듣고 익혔다는 것입니다. 4세 이전에 이민 온 사람들은 어릴 때 영어를 특별히 배운 것이 아니라 일상생활 속에서 그저 영어를 '영어를 귀로 들었을 뿐'이라는 점입니다.

언어발달의 결정적 시기는 4세 정도부터 서서히 시작되는데요, 특히 좌측 측두엽의 청각피질이 듣기와 관련된 기능부터 발달하게 됩니다. 더 정확하게 표현하자면, 언어와 관련된 청각피질이 결정적 시기를 맞이하면서 스펀지처럼 언어를 받아들이고 뇌에 각인해버리는 것이지요. 이에 따라 자연스럽게 원어민의 발음, 억양, 강세를 갖출 수 있게 됩니다. 대신 모국어의 자리는 사라져버리게 되지요. 많은 시간 모국어를 듣고 말하고 사용하는 유아들에게는 모국어가 뇌에 각인되지만, 이 시기에 모국어를 듣는 시간은 짧고 영어를 주로 듣게 된다면 모국어의 발음, 억양, 강세, 문법구조 대신 영어와 관련된 내용이 차지하게 되는 것입니다. 그래서 결정적 시기의 언어학습은 매우 중요합니다.

또 다른 연구를 말씀드려 보겠습니다. 최근 많은 주목을 받고 있는 언어의 뇌발달과 관련된 연구를 진행하고 있는 하버드 의과대학의 존 레이티John Ratey 교수는 여섯 살 정도의 연령까지 언어발달의 유연성과 가소성이 상당히 높고 7세가 지나면서 서서히 언어발달을 할수 있는 결정적 시기의 창이 닫히기 시작한다고 주장하였습니다.

그는 실제로 유아와 학령기 아동의 제2외국어 습득이 이뤄지는 뇌 영역에 관한 연구를 실시했는데요, 뇌를 촬영한 결과 6~7세에 듣게 되는 외국어는 모국어가 저장되는 위치에 같이 저장되는 것으로 나타났습니다. 이 시기에 학습하게 되는 외국어는 모국어와 함께 각인된다는 의미라고 볼 수 있습니다. 반면에 학령기에 접어든 이후에 학습한 제2외국어는 모국어가 저장되는 위치와 다른 곳에 저장되는 것으로 나타났습니다. 어린 시기보다 더 많은 시간과 노력을 쏟아야 함은 물론이고요.

열린 귀를 만들어라
자, 결정적 시기와 언어학습에 대해서 함께 살펴보았는데요, 결정적 시기에 익힌 언어는 모국어와 같이 저장되는 것으로 나타났습니다. 그래서 결정적 시기에 다른 외국어를 익히고 나면, 한참을 사용하지 않더라도 모국어와 같이 자동적으로 떠오를 수 있습니다. 그 반대로 결정적 시기가 지난 뒤에 외국어를 학습하게 된 뒤 한동안 언어를 사용하지 않으면 좀처럼 잘 떠오르지 않는 것입니다. 결정적 시기에 배운다는 것은 말 그대로 '결정적'인 것이지요. 결정적 시기에는 쉽게 받아들일 뿐만 아니라 한 번 받아들인 내용은 평생 사라지지 않는다고 말할 수 있겠습니다.

그렇다면, 우리 아이들의 언어교육과 언어학습은 어떤 방법을 사용해야 할까요? 무엇보다 이 시기의 언어 교육은 부모님께서 신중하게 생각하시고 방법을 고려해 보셔야 할 것으로 보입니다. 결정적 시기는 언어를 쭉쭉 받아들이고 배울 수 있는 시기라고 해서 모든 학습방법을 적용할 수 있다는 것은 절대로 아닙니다. 유아를 대상으로 하여 온갖 종류의 영어 교재와 교구, 쓰기 자료 등등을 보게 되는데요, 사실 유아들의 뇌는 이러한 학습교재를 아직 받아들일 준비가 되어 있지 않다는 점을 꼭 기억해주시길 바랍니다. 즉, 유아는 학생이 아니라는 것입니다. 교과서를 들고 문법을 따져가면서 어휘를 익히고 알파벳을 쓸 수 있는 능력이 아직 형성되어 있지 않은 뇌의 상태이며, 그저 무엇이든지 잘 듣는 귀가 열린 상태라고 말할 수 있겠습니다.

듣고, 듣고, 듣고……, 언어학습의 출발점이자 이 시기 유아가 가장 잘할 수 있는 듣기가 최고의 영어 공부법이자 스승이라고 말할 수 있을 것입니다.

4세 이후부터는 언어발달을 위한 언어학습 환경을 조성하는 것이 중요합니다. 그 이유는 언어발달의 결정적 시기를 맞이할 뇌의 상태가 되었기 때문입니다. 언어학습 환경이라고 해서 거창하게 생각할 필요는 없을 것입니다. 아이가 언어에 충분히 노출될 수 있고 쉽게 즐겁게 배울 수 있는 환경이면 그것으로 충분합니다. 아이의 언어지도를 시작할 때 대체로 학습지나 교재를 중심으로 시작하려는 부모들이 많으신데요, 하지만 매일 공부해야 하는 분량과 진도가 아이에게는 숨이 막힐 수 있고, 아이의 언어발달에 도움이 되는 것은 학습지나 교재가 아닙니다. 오히려 아이는 언어에 대하여 흥미보다는 짜증나고 귀찮고 매일 해야 하는 숙제처럼 다가오게 됩니다. 우리나라의 많은 아이들이 영어라고 하면 질색하는 것을 보면 알 수 있지요.

유아들에게 모국어를 포함하여 영어 등을 배우는 가장 효과적인 영어 학습법 중 하나로 부모와의 수다를 들 수 있는데요, 사회성이 발달하는 유아기에는 사람만큼 좋은 교재가 없습니다. 대화를 통해 언어에 대한 이해 능력도 형성되며, 대화를 나누는 다른 사람들의 감정도 알 수 있게 됩니다. 부모님과 영어 단어와 문장을 말하고, 같이 웃고, 모르는 단어를 궁금해하면서 배울 때 영어교재에서는 찾을 수 없는 실질적인 능력과 기능을 갖추게 되는 것입니다.

모국어 학습도 마찬가지입니다. 부모님께서 들려주시는 이야기를 통해 세상에 대한 간접경험도 할 수 있습니다. 교재에서는 생각할 수 없는 더 다양한 지식을 접할 수 있게 됩니다. 따라서 아이와 대화를 할 때는 간접경험을 충분히 할 수 있도록 가능한 한 다양한 어휘를 활용해보면 좋을 것입니다. 이 시기는 언어발달의 결정적 시기가 시작되는 때이므로 빠르고 쉽게 언어를 받아들이고 이해하게 됩니다.

눈에 보이는 것들에 대해 설명해도 좋고, 부모의 어린 시절 이야기를 해 주셔도 좋습니다. 현재 아이의 나이였을 때 부모는 어떤 행동을 하고 어떤 생각을 했는지, 그리고 무엇을 좋아하고, 친구들과 어떻게 놀았는지 얘기해 주신다면 아이는 즐겁게 집중할 것입니다. 이때 분명한 발음과 어휘 선택에만 주의를 기울이면 금상첨화입니다. 이때부터는 소리가 아닌 상징과 기호를 가진 언어도 배우게 되므로 정확한 언어를 사용하도록 한다는 점을 기억해 주시기 바랍니다.

독서가 만능이라는 착각

보통 아이가 네다섯 살 정도 되면 한글을 가르치고 책을 사주기 시작하는 부모님이 많으시지요. 그리고 아이가 책 읽기를 좋아하고 매일 책을 읽기를 바라십니다. 그런데 이와 관련하여 우리가 한번 생각해 보아야 할 연구가 있습니다. 영국 케임브리지 대학교의 인지 발달 신경과학원의 우샤 고스와미Usha C. Goswami 교수 연구팀은 유럽권의 각각 다른 국적을 가지고 있고 다른 모국어를 하는 5~7세 유아들을 대상으로 연구를 수행했습니다. 연구팀은 5세부터 글 읽기를 학습한 유아들과 7세부터 글 읽기 학습을 시작한 아이들을 대상으로 10년 정도 학업 성취도나 독서 능력과 관련하여 종단 추적을 하였습니다. 그 결과 5세에 독서를 시작한 아이들은 7세에 시작한 아이들보다 학업성취도가 낮았고, 독서 성취도나 독서에 대한 관심도 낮았습니다. 과연 그 이유는 무엇일까요?

사실 우리는 언어습득장치를 선천적으로 가지고 태어나지만, 그 것은 말하기와 관련된 것입니다. 아이들은 자연스럽게 말하기를 시작하고 따로 학습이나 교육을 특별하게 하지 않아도 말을 하지요. 그러나 글 읽기 즉, 문자 학습은 다릅니다. 글을 이해하고 읽기 위해서는 따로 학습이 필요합니다. 이를 정확하게 비유한 표현이 있는데요. 하버드 대학교 심리학과 스티븐 핑커 Steven Pinker 교수는 "말에 관해서 아이들은 이미 선천적으로 선이 연결되어 있는 상태이지만, 문자는 고생스럽게 추가 조립해야 하는 액세서리 장치와 같다"고 말했습니다. 즉, 말은 태어나면서부터 자연스럽게 하게 되지만 글은 자연스럽게 할 수 있는 것이 아니라는 것입니다.

글을 이해하고 책을 읽는 것은 인간의 정신활동 중 가장 복합적이고 복잡하다고 볼 수 있습니다. 책을 읽을 때의 뇌는 여러 대뇌피질이 한꺼번에 활성화가 되어야 합니다. 글자를 읽고 보기 위해서는 후두엽의 시각피질이 활성화되어야 하고, 글의 의미와 표현을 파악하기 위해서는 전두엽과 측두엽의 브로카 영역과 베르니케 영역도 함께 작동해야 합니다. 뿐만 아니라 단기기억장치인 해마의 작용과 두정엽의 운동 기능 역시 필요합니다. 독서는 대뇌피질이 종합적으로 함께 활동해야 가능한 것입니다.

문제는 각 대뇌피질의 성숙 속도와 시간표가 다르기 때문에 독서를 할 수 있을 만큼 성숙해지려면 때를 기다려야 한다는 점입니다. 만약 읽기 준비가 되어 있지 않은 시기에 무리하게 독서를 하게 되면 아이는 독서에 대하여 '어렵고 싫은 것, 내가 잘 못하는 것'이라는 기억만을 남긴 채 독서의 흥미와 즐거움을 느끼지 못할 수 있습니다.

물론 아이가 스스로 글자를 읽고 싶어서 배우기를 원하고 즐거워한다면 글자를 가르쳐 주는 것이 좋습니다. 하지만 아직 글자에 대한 흥미를 못 느끼는 아이라면 여유를 갖고 기다려주시면 좋겠습니다.

더 알아보기

다문화가정 아이들의 언어학습, 어떻게 할까요?

이제 우리나라도 국제화가 빠르게 진행되고 있어 그에 따라 다문화가정도 급속도로 늘어나고 있는 추세이지요. 다문화가정이란 서로 다른 국적과 문화적 성장 배경을 가진 부모가 결혼해 형성한 가정을 의미합니다.

그런데 안타깝게도 최근 보건복지부의 자료들을 살펴보면, 우리나라에서 거주하는 다문화가정의 자녀들이 한국인 부모의 자녀들에 비해 평균 2.5년 정도 언어 지체를 보인다고 합니다. 과연 이유는 무엇일까요?

우리나라 다문화가정의 많은 비율이 결혼이주여성이 엄마라고 볼 수 있습니다. 특히, 베트남, 필리핀, 몽골, 중국 등의 외국 국적을 가진 가정이 대부분입니다. 결혼이주여성이 한국으로 이주해 살면서 한국어를 습득하지 못하거나 때로는 향수병 등으로 우울증을 겪는 경우가 많다고 합니다. 미숙한 한국어 실력이 부끄러워 말수가 더욱 없어지는 경우도 있고요. 상황이 이렇게 되면 자녀에게 언어적 환경이 되는 엄마와의 대화는 결손될 수밖에 없는 결과를 초래하게 됩니다.

언어와 관련된 뇌발달이 한창 이뤄지고 있는 시점에 언어 자극이 전혀 없거나 부족하면 언어와 관련된 청각피질의 신경세포망은 점차 사라지게 되고, 언어를 습득하는 결정적 시기를 놓쳐 결국 언어능력이 떨어지게 되는 것이지요. 그래서 다문화가정의 자녀들이 태어날 때 이상이 없었다 해도 언어지체나 지연 등의 문제가 나타나는 가능성이 높아지는 것입니다.

그렇다면 이러한 문제를 어떻게 해결해야 할까요? 사실 다문화가정의 자녀들은 더할 나위 없이 좋은 이중 언어의 환경을 가지고 있다고 볼 수 있습니다. 부모가 다양한 언어와 문화를 갖고 있는 것 자체만으로 자녀에게는 풍부한 언어 환경이 되는 것입니다.

다문화가정의 자녀들이 능숙한 이중 언어 사용자가 될
수 있게 하는 가장 핵심적인 방법은 일관적이고 지속적으
로, 그리고 풍부하게 이중 언어를 들려주고 경험하게 하는
것입니다. 예를 들면 엄마가 베트남 국적이고 아버지가 한
국인이라면, 엄마는 자녀에게 지속적이고 일관되게 베트
남어로 대화하고 아버지는 한국어로 대화하는 것입니다.

마음의 그릇을
키우려면

그림자 증후군

사람들은 흔히 인품이 훌륭한 사람, 인성이 좋은 사람, 도덕적인 사람을 설명할 때 가슴이 따뜻한 사람이라는 표현을 자주 사용하지요. 가슴에 손을 얹으면서 말이지요. 과연, 인품, 인성, 도덕성이 심장으로부터 출발하는 것일까요? 물론 심장의 펌프질로 온몸에 피가 골고루 잘 돌아가고 우리의 몸이 따뜻해지기는 합니다만, 뇌과학적으로 볼 때 인성과 도덕성을 결정하는 것은 심장이 아닙니다. 인성과 도덕성의 비밀은 바로 우리의 뇌 안에 있다고 말할 수 있습니다.

보통 뇌는 계산, 추리, 암기, 언어 등 인지적 기능과 관련된 능력을 관장하는 것으로 생각할 수 있지만 인성과 도덕성을 결정하고 행동으로 옮기도록 하는 명령 역시 뇌에서 내리게 됩니다. 뇌가 인간의 인성과 도덕성을 좌우하고 있음을 증명하는 연구들을 살펴보도록 하겠습니다.

엘리엇의 비극

현대 뇌과학 분야에서 가장 유명한 신경과학자 중 한 명으로 뽑히는 분이 바로 안토니오 다마지오Antonio Damasio 입니다. 그는 인간의 행동과 뇌의 관련성에 관한 많은 연구들을 내놓았는데요, 그의 연구 대상이자 환자였던 엘리엇에 대한 연구에 대해서 이야기해 보겠습니다. 어느 날 엘리엇은 머리에 이상이 있다는 것을 느끼고 병원에 입원을 하게 되었습니다. 그의 전두엽에 문제가 생기기 전까지 그는 유능한 사업가였고, 훌륭한 인품을 갖춘 가장이었습니다. 물론 주변의 평판도 매우 좋았고 그를 좋아하는 사람도 많았습니다.

그런데 그의 전두엽 부근에서 굉장히 빠른 속도로 부풀어 오르는 종양 덩어리가 발견되었던 것입니다. 수술할 시점에 그 종양은 오렌지 크기만큼이나 자라 있었지요. 수술이 시작되어 머리를 절개하자 종양으로 인해 이미 전두엽의 일부는 손상된 상태였던 것이 나타났습니다. 의사는 손상된 전두엽 부위를 도려내면서 암세포가 퍼질 것을 우려해 주변의 다른 뇌 조직도 제거했는데 이때 전전두엽 조직의 일부도 함께 파괴되었지요.

수술을 무사히 마치고 그는 정상적으로 회복하는 것처럼 보였습니다. 그러나 엘리엇이 이전의 일상생활로 돌아가자마자 문제가 발생했습니다. 당장 나타난 심각한 문제 중 하나가 일의 우선순위를 정하지 못한다는 점이었습니다. 그의 사업체를 운영하기 위해서는 현재의 재정 상태와 금전적 중요성 등을 고려하여 결정을 바로바로 내려야 하는데 이를 전혀 하지 못했고, 엉뚱한 결정을 내리거나 잘못된 선택을 하여 사업에 막대한 손실을 입혔기까지 하였습니다. 또한 당장 처리해야 할 급한 일들을 뒷전으로 미뤄두고 전혀 중요하지도 않고 하찮은 일에 매달려 며칠을 허비하기도 했습니다.

일의 실패 가능성이나 위험 부담, 새로 만나는 사업 파트너에 대한 정확한 판단 등에서도 계속해서 결정적인 실수를 하면서 그는 결국 빈털터리가 되었습니다. 더 심각한 문제는 윤리의식과 도덕성 등이 사라졌다는 것입니다. 그는 아무렇지도 않게 부도덕한 행동을 저지르기 시작하고, 가족을 버리고 불륜을 저지르기도 했습니다. 이로 인해 아내와 이혼하고 직업여성과 결혼했다가 다시 이혼하기를 반복했죠.

왠지 익숙한 사례같이 느껴지시죠? 우리가 앞에서 살펴보았던 피니어스 게이지가 생각나실 것입니다. 피니어스 게이지와 엘리엇의 공통점은 무엇일까요? 둘 다 전전두엽의 손상으로 인해 이전의 성품과 인성, 도덕성 등이 사라지고 사회적 생존에 필요한 능력들마저 아무 쓸모 없이 되었다는 것입니다.

부끄러움을 안다는 것

앞서 엘리엇과 피니어스 게이지가 보이는 문제의 원인은 전전두엽의 손상에 있었습니다. 그렇다면 전전두엽은 어떤 역할을 담당할까요? 전전두엽은 변연계에서 발생한 정서 정보를 전두엽으로 이동시켜 올바른 결정을 내릴 수 있도록 돕는 중간 역할을 합니다. 예를 들어 감정이 발생하는 변연계에서 '화났다'라는 정보가 전전두엽으로 전달되면 전전두엽에서 화가 난 대상, 상황, 이유 등을 감지하고 적절하게 화를 통제하고 나서 전두엽으로 정보를 보내어 이를 해결하기 위한 적합한 방법과 의사결정을 하게 되는 것이지요. 이런 과정은 순식간에 일어나기 때문에 우리는 이것을 일일이 느끼지 못하는 것입니다. 뿐만 아니라 전전두엽에서는 자신이 느끼는 정서, 기분이 무엇인지를 파악하고, 다른 사람들이 느끼는 감정과 기분에 공감하며, 정서를 이성과 조화시키는 중추적인 역할을 담당하는 것이 바로 전전두엽입니다.

전전두엽이 손상되면 사회적으로 부적응적인 행동과 모습을 보이게 되고 윤리의식까지 사라지게 됩니다. 그 이유는 전전두엽이 손상됨으로써 정서적 나침반이 작동하지 않기 때문입니다. 전두엽이 손상되지 않았으므로 지식이나 정보를 이해하는 것에는 문제가 없지만 행동, 말, 상황에 담긴 정서나 감정을 잘 모르기 때문에 다른 사람들이 보기에 이상하고 이해하지 못할 행동을 하게 됩니다. 예를 들어 다 큰 어른이 자신이 목이 마르다고 해서 줄을 선 아이 앞에 새치기를 해도 그것이 부끄러운 행동이라는 것을 잘 모르는 것입니다. 이처럼 정서적 나침반은 정말 중요한 역할을 합니다. 전전두엽이 없었다면 이 세상은 아마 부끄러운 짓을 저지르고도 죄책감 없이 사는 사람들로 넘쳐날 것입니다.

전전두엽에 문제가 생기면 인간은 아무런 계획을 세우지도 못하게 됩니다. 자신이 무엇을 원하는지, 무엇이 중요한지 전혀 감을 잡지 못하기 때문입니다. 자신이 현재 느끼는 감정이 무엇인지 정확하게 파악하지 못하면 엉뚱한 판단을 내리게 되고 황당한 결정을 하기도 합니다. 가령, 엘리엇처럼 회사를 운영하는 사람의 입장에서 현재 회사의 재정적 어려움에 대하여 위기감, 불안을 느끼지 못하거나 회사의 다른 직원들이 회사가 망하게 되면 겪게 되는 어려움과 두려움 등을 감지하지 못하면 신속하게 처리해야 할 재정적 결정은 뒤로 미룬 채 전혀 관련 없는 일을 하게 되는 것입니다. 그만큼 전전두엽에서 담당하는 정서에 대한 이해 능력은 중요하다고 말할 수 있겠습니다.

피니어스 게이지나 엘리엇처럼 심각한 증상은 아니지만 약한 강도로 유사한 증상을 보이는 사람들을 그림자 증후군shadow syndrome 상태라고 말합니다. 그림자 증후군에 있는 사람들은 자신이 원하는 것이 무엇인지도 잘 모르고 중요한 것이 무엇인지도 잘 모르기 때문에 다른 사람이 보기에 제멋대로 사는 것처럼 보입니다. 지능은 전혀 문제가 없지만, 공부를 잘하기 위해 노력해야 할 이유를 깨닫지 못하며 성적이 나빠져도 절망하거나 괴로워하지 않습니다. 타인에 대해서도 관심이 없고 왜 다른 사람을 도와야 하는지에 대해서도 전혀 이해하지 못합니다. 그림자 증후군은 피니어스 게이지와 엘리엇처럼 전전두엽에 직접적인 손상을 입지는 않았지만 전전두엽이 제대로 발달하지 않아서 생기는 증상인 것이지요.

그림자 증후군의 가장 심각한 문제는 도덕성 결여입니다. 감정과 정서를 제대로 느끼고 해석하지 못하기 때문에 죄책감을 느끼지 못하는 치명적인 삶을 살게 되는 것입니다. 그렇다면 도덕성의 뿌리는 어떻게 형성되는 것일까요?

양심이라는 버릇

부모가 되어 아이들을 키우다 보니 예전과 달리 그냥 지나칠 수 없고 다시 한번 곱씹어 보는 말들이 생기기 시작했습니다. 그중 하나가 "세 살 버릇 여든까지 간다"라는 속담인데요, 부모의 역할에 대해서 각성하게 해주는 것 같습니다. 특히 예기치 못한 돌발행동이나 공격적인 모습 등을 보게 되었을 때 세 살 버릇 여든까지 가게 되면 어쩌나 하는 우려의 마음을 느끼게 됩니다.

어린 시절 형성된 습관이나 행동들을 고치고 바꾸는 것은 정말 어려운 일입니다. 그리고 그렇게 형성된 습관은 어른이 되어서도 일상에 상당한 영향을 미치게 되고요. 자신의 습관 때문에 상담을 진행해 온 분의 경우를 말씀드리도록 하겠습니다. 평소에 무척 지적이고 똑똑한 분이지만, 스트레스를 받는 일이 생기거나 긴장과 불안감을 느낄 때 이를 견디지 못하는 것이 문제였습니다. 스트레스와 긴장을 건강하고 적절하게 처리하거나 해소하지 못하고 다른 사람에게 지나치게 의존하는 일이 많았습니다. 그렇지만 이 역시 한계가 있겠지요. 다 큰 어른의 하소연과 의존을 끝까지 인내해 줄 수 있는 사람은 없으니까요. 그러다가 술, 담배, 도박을 하게 되면서 더욱 힘든 상황이 악순환으로 나타났습니다. 이 역시 세 살 버릇과 관련이 있다고 볼 수 있습니다.

사실 버릇이라고 하는 것은 손톱을 물어뜯거나 다리를 떠는 등의 단순한 행동에만 그치는 것이 아닙니다. 우리가 다른 사람들과 더불어 살아가면서 필요한 가치를 선택하거나 도덕적인 행동을 하고 죄책감, 양심에 따라 행동하는 것도 어릴 때부터 형성된 버릇들이라고 말할 수 있는 것입니다. 더 정확하게 표현하면, 뇌의 연결망 즉, 시냅스의 신경 세포망이 어릴 때부터 그렇게 형성되어 온 것입니다. 거기에 더해 오랫동안 반복적으로 형성되면서 시냅스의 통로들이 더욱 견고하고 강하게 만들어진 것, 그것이 바로 습관이며 버릇인 것입니다.

우리 몸의 도덕 선생님

도덕성과 관련 있는 뇌의 영역은 크게 두 가지로 볼 수 있는데요, 바로 변연계에 있는 편도체와 전전두엽입니다. 도덕성은 둘 중 어느 하나만으로 작동되는 것이 아니고 두 영역의 협력과 조화에 의해서 만들어집니다.

앞서 알아보았던 변연계에 대해서 다시 한번 떠올려볼까요? 자, 인간의 뇌를 설명하기 위해서 세 가지의 뇌로 구분한 삼위일체의 뇌, 기억하지요. 삼위 일체의 뇌는 가장 안쪽부터 호흡, 심장박동, 수면을 담당하는 뇌간, 그리고 가운데에 위치하고 있으며 감정이 발생하는 편도체, 그리고 인간의 인지적 능력과 기능을 발휘하게 하는 대뇌피질로 구분해 볼 수 있습니다. 이 중 변연계에 포함되어 있는 편도체는 감정이 발생되고 저장되는 곳입니다. 어떤 사건이나 일을 겪으면서 감정을 느끼게 되면 그때 느낀 감정이 그대로 편도체에 저장이 됩니다. 특히, 공포처럼 강력한 감정은 더욱 또렷하게 기억되고 저장이 됩니다. 실제로 한 실험에서 정상적인 쥐의 편도체를 제거하고 뱀이나 고양이가 있는 우리에 넣어 보았더니, 이전에는 뱀이나 고양이가 멀리서만 있어도 도망갈 구멍을 찾느라 정신없던 쥐가 자신의 천적 앞에서 전혀 두려워하거나 숨지 않고 오히려 뱀과 고양이 앞을 유유히 걸어 다니며 장난을 치기도 했습니다. 편도체가 제거됨으로써 쥐는 두려움, 공포가 사라지게 되고 이것이 바로 행동으로 나타나게 된 것이지요.

편도체에서는 온갖 감정과 함께 본능적 욕구도 발생하게 되는데요, 아프거나 힘든 것을 피하고 기분 좋은 상태를 추구하는 '쾌'라는 욕구, 다른 사람들에게 인정받고 사랑받고 싶어 하는 '유대감' 욕구, 보호받고 싶은 '안전감 혹은 안심' 욕구 등 수없이 많은 욕구가 이곳에서 일어나는 것입니다.

그런데 편도체에서는 이러한 감정과 욕구들이 발생만 할 뿐이지 감정과 욕구를 처리하지는 못합니다. 즉, 편도체에서 일어난 감정과 욕구를 상황에 맞게 참아야 하거나 적절하게 통제해야 한다는 판단은 전혀 할 수가 없는 것입니다. 그래서 서로 정반대되는 욕구가 충돌하기도 합니다. 예를 들어볼까요. 지금 내 앞에는 혼자서 먹기에도 부족한 양의 음식이 놓여 있습니다. 그런데 아주 친한 친구가 와서 배가 고프다고 합니다. 자, 이 상황에서 어떤 선택을 하시겠습니까? 이때, 편도체에서는 음식을 먹고 싶은 쾌의 욕구와 타인을 향한 유대감 욕구가 서로 충돌하고 있는 것입니다. 여기까지가 편도체가 하는 일이며 작용입니다. 이들 욕구 중 무엇이 더 중요하다고 판단하고 우선순위를 정하는 것은 편도체의 기능이 아닙니다. 이것을 담당하는 것은 전전두엽입니다.

여러 가지 감정들과 욕구들이 변연계에서 마구 날뛰고 있을 때 먼저 중요한 우선 순위를 정하고 이성적으로 판단을 하며 상황에 맞게 조절하는 것은 바로 전전두엽의 몫이라고 말할 수 있습니다. 감정이나 욕구들이 서로 대립하고 충돌할 때 어떤 것이 더 중요한지 생각해 보고 의사를 결정하는 행동과 관련된 시냅스들의 신경세포망이 전전두엽에서 만들어졌기 때문입니다. 어릴 때부터 반복적 연습으로 형성된 시냅스들의 신경세포망은 도덕적인 판단을 하고 행동하는 데에 직접적인 영향을 주는 것입니다.

기계이거나 짐승이거나

우리의 감정과 욕구들에 대해서 살펴보았는데요, 그렇다고 해서 감정과 욕구들이 본능적인 행동만을 하는 것은 절대 아닙니다. 만약 인간의 뇌에서 편도체는 작동하지 않은 채 전전두엽만 작동한다면 인간은 기계와 다를 바가 없습니다. 감정이나 욕구가 없으면 인간은 '무엇을 하고 싶다', '이것을 이루고 싶다', '노력하고 싶다'라는 생각도 전혀 들지 않을 것입니다. 사람들이 어떤 목표를 향해 노력하고 의지를 불태울 때 그 연료가 되는 것이 바로 성취하고 싶은 욕구, 기대감 같은 감정입니다. 편도체의 감정과 전전두엽의 조절 기능이 같이 짝꿍처럼 작동해야만 인간은 노력과 의지를 가질 수 있고, 발현되는 것입니다.

도덕성도 마찬가지입니다. 도덕적인 사람들은 다른 사람에 대한 공감, 측은지심, 죄책감을 바탕으로 윤리적인 판단을 합니다. 도덕성 역시 편도체와 전전두엽의 합작품이라고 할 수 있습니다. 어릴 때부터 바람직한 가치판단과 행동, 타인에 대한 배려의 감정과 관련 있는 시냅스의 신경세포망이 잘 형성된 아이들은 본격적으로 사회에 나갔을 때 빛을 발하게 됩니다.

머리가 좋고 학교성적도 뛰어나며 사회에서 인정받는 실력을 갖추고 있어도 부도덕한 행동으로 많은 사람에게 피해를 주어 비난을 받는 사람도 우리는 어렵지 않게 찾아볼 수 있습니다. 자신의 능력을 이용해 사리사욕을 채우면서도 죄책감을 느끼지 못하는 사람들도 있지요. 만약 의사나 생명공학자처럼 생명을 다루는 전문직 사람이 도덕성이 결여되어 있다면 그 여파는 치명적일 것입니다.

도덕성 결여는 다른 사람들에게 해를 끼칠 뿐만 아니라 자신을 망가뜨리는 결과를 초래하기도 합니다. 우리나라의 유명한 뇌과학자 조장희 박사는 일반인을 대상으로 거짓말을 할 때와 사실을 말할 때의 뇌 상태와 뇌의 활성도를 촬영해 보았는데요, 거짓말할 때 뇌에 어떤 일이 발생하는지 알아냈습니다. 그의 연구에 따르면, 뇌는 거짓말을 할 때 비효율적으로 에너지를 사용하고 필요 이상으로 활성화된다고 합니다. 거짓말을 들키지 않기 위해서 뇌가 바쁘게 움직이고 있다고 말할 수 있는 것입니다. 그래서 조장희 박사는 "두뇌를 효율적으로 쓰려면 무엇보다 '정직'해야 한다."라고 말하고 있습니다.

도덕성이 결여된 전문인은 성공과 행복을 누리기 어렵습니다. 많은 사람에게 피해를 준 사람을 환영해줄 사람은 아무도 없기 때문입니다. 결국 도덕성을 갖춘 전문인만이 환영받게 되어 있으며 끝까지 살아남게 됩니다. 도덕성이 곧 경쟁력이 되는 것이지요.

감정조절을 할 수가 없어요 – 절제력결핍장애

주의력이 결핍되어 학습과 인간관계를 맺는 것에 어려움을 겪는 장애를 주의력결핍장애Attention Deficit Disorder : ADD라고 합니다. 이와 유사한 절제력결핍장애Discipline Deficit Disorder : DDD는 감정이나 욕구를 절제하지 못해 여러 가지 문제행동을 일으키는 질병입니다. 절제력결핍장애를 알 수 있는 대표적인 증상은 다음과 같습니다.

- 집중하지 못하고 산만함
- 다른 사람들이 말할 때 중간에 끼어들며 무례하게 행동함
- 다른 사람들과 협업하기 어렵고 성급하게 행동함
- 참을성이 없고 당장의 만족이나 쾌락을 추구함
- 자신을 최고로 대접받아야 하는 특별한 인간으로 생각하는 특권의식이 있음

- 자신의 처지나 상황과 동떨어진 비현실적인 기대가 있음
- 자기중심적이며 타인에 대한 배려가 없음

절제력결핍장애의 원인은 무엇일까요? 이를 연구하는 많은 임상 연구자들은 '더 빨리, 더 재미있고, 더 자극적인' 것에 자주 노출되는 데 있다고 말하고 있습니다. 대표적인 것이 바로 스마트폰이나 온라인 게임과 같은 것입니다. 과학기술과 문명의 발달로 과거에는 상상할 수 없는 놀잇감들이 넘쳐나고 너무 이른 나이에 아이들이 노출되고 있는 것이 사실입니다. 이런 놀이에 익숙한 아이들은 책이라는 지루한 재료를 천천히 읽고, 곰곰이 생각하고, 다른 사람의 말을 들으면서 대화하는 것에서 지루함을 느끼게 되었고 견딜 수 없게 되는 것이지요. 그중 스마트폰은 아이들이 너무 쉽게 접하게 되는 절제력결핍장애의 가장 큰 원인이 되는 도구입니다. 어른들이 조금만 관심을 기울이면 절

제력결핍장애는 우리 아이들이 겪지 않을 수 있다는 점을 기억해 주시면 좋겠습니다.

엄마의 욕심이
아이를 망친다

과잉학습장애

　선행학습, 조기교육 등은 부모님들에게는 긴 세월 동안 계속해서 관심을 받고 있는 주제인 것 같습니다. 거기에 더해서 선행학습을 하지 않는다고 말하면 무능하거나 아이에 대한 관심이 없는 무책임한 엄마, 세상 물정 모르는 엄마로 보일 수 있다고 말씀하시는 분들도 있습니다. 그래서 요즘 유능한 엄마의 기준은 교과별 학원 정보, 맞춤식 학원 일정 계획, 정평이 나 있는 사교육 선생님 섭외 등에 있다고 해도 과언이 아닙니다. 그런 분들을 일명 '돼지엄마'라고 부르는데 돼지엄마의 영향력은 엄청나다고 합니다. 학원과 학원강사를 좌지우지하고 심지어 학원의 시간표를 결정하기까지 한다고 합니다. 그래서 돼지엄마라고 불리우는 엄마 주변에는 항상 학부모들이 모여들게 되면서 어미돼지가 새끼돼지를 데리고 다니는 것처럼 다른 엄마들을 이끈다는 뜻에서 돼지엄마라고 칭한다는 것이지요. 그렇다면 아이들의 입장에서는 진짜 유능한 부모, 유능한 엄마는 어떤 분일까요?

다 우리 아이를 위한 거라고요

민아라는 아이를 처음 만난 것은 약 1년 전이었습니다. 오랫동안 알고 지낸 동료의 사촌이었던 민아 엄마는 주변에서 하도 성화를 해대는 통에 자신의 의지와 상관없이 끌려나오다시피해서 왔다고 말했습니다. 민아 엄마가 보기에는 민아가 다른 아이들보다 똑똑하고 영재 가능성이 매우 높아보였다고 합니다. 그런데 민아를 본 다른 사람들은 대부분 조심스럽게 민아를 병원에 데리고 가보라고 말했다는 것입니다. 처음에는 '똑똑한 우리 아이한테 무슨 말이야' 하면서 기분 나빴지만, 나중에는 '그렇게 이상한가'라는 생각이 들었는데, 그렇다고 해서 병원에 가기는 싫고 차선책으로 저의 지인인 사촌 언니가 소개하는 자리라서 나왔다는 것입니다.

이제 일곱 살이 된 민아의 행동은 굳이 전문가가 아니라 해도 한눈에 알 수 있을 정도로 정상적이지는 않았습니다. 주변에 대한 호기심이나 관심이 전혀 없었으며 먼 곳을 응시하면서 계속 중얼거렸습니다. "민아야, 무슨 이야기를 하고 있는 건지 좀 말해줄래?"라고 말을 걸어도 전혀 반응을 보이지 않았습니다. 손에 들고 있는 책이 무엇인지 보여 달라고 다가가자 신경질적인 반응을 보였습니다.

더 놀라운 것은 민아 엄마의 반응이었습니다. 민아의 정상적이지 않은 행동에 대해서 걱정은커녕 자랑스러운 듯 말했습니다. "민아는 굉장히 몰입을 잘해요. 아침에 읽은 과학책 내용을 저렇게 계속 생각하면서 뭔가 새로운 것을 생각해내는 것 같아요. 민아가 이렇게 비범하다는 걸 사람들이 제대로 이해를 못 하는 것 같아요"

민아 엄마의 얘기를 들으면서 민아의 행동과 민아 엄마의 개인적인 욕구가 관련이 있지 않을까 하는 짐작이 들었습니다. 그래서 민아 엄마에게 민아가 하루를 어떻게 보내는지, 무엇을 하는지 물어봤습니다. 민아 엄마는 뿌듯한 목소리로 민아의 하루 일과를 말했습니다. 아침에는 영어 유치원, 오후에는 놀이수학 학원, 집에 와서는 온라인 영어학습과 독서, 그리고 잠들기 전까지 중국어와 연산 관련 학습지 등을 마쳐야 잠자리에 든다는 것이었습니다. 어른도 감당하기 힘든 일정을 이 조그맣고 어린 아이가 매일 숨쉴 틈도 없이 살고 있었던 것입니다.

민아 엄마는 다른 사람도 모두 하고 있고 하고 싶어 하는 '선행학습'을 충실히 따랐을 뿐이라고 말하면서 이렇게 하는 것이 민아의 미래를 위한 준비 과정이며 나중에는 민아가 엄마에게 고마워할 것이라고 확신했습니다. 가능하다면 당장이라도 민아 엄마에게 민아의 뇌를 보여주고 싶었습니다.

이런 상황은 민아 엄마만의 이야기는 아닌 것 같습니다. 최근 들어 가장 행복한 시절을 보내야 할 유아기의 아이들이 스트레스로 인해 원형탈모나 민아와 같은 이상행동을 보이는 사례가 급증하고 있다고 합니다.

어른들이 만드는 병

유아의 인지적 특성 중 하나는 추상적인 개념을 잘 이해하지 못한다는 것입니다. 추상적인 개념이라는 것은 우리 어른들이 흔히 사용하는 사물에 대한 의미를 말하는데요, 어른들은 이미 알고 있기 때문에 그냥 사용하는 말이지만, 세상에 태어난 지 얼마 되지 않아서 경험이 적은 유아들에게는 전혀 이해할 수 없는 말들일 것입니다. 유아들이 유독 "왜?"라는 질문이 많은 것도 무슨 말인지 이해하지 못하기 때문일 것입니다. 예컨대 도서관을 한 번도 가보지 못한 아이에게 "도서관 가자"라고 한다면, 아이는 "왜? 그게 뭔데?" 하고 질문을 할 것입니다. 도서관이 어떤 곳인지 설명을 듣고 가서 직접 경험을 해보면 아이의 머릿속에는 도서관이라는 개념이 만들어지는 것이지요. 이렇게 유아는 모든 개념 하나하나를 경험해봄으로써 이해하는 수준에 있는 것입니다.

그래서 이런 상태에 있는 아이에게 초등학교에 입학하기도 전에 초등 교육과정의 내용을 학습시키는 것은 수영을 할 줄 모르는 아이를 발이 닿지도 않는 수영장 한가운데에 던져놓는 것이나 다를 바 없을 것 같습니다. 아이의 뇌의 시냅스 연결망도 아직 형성되어 있지 않기 때문에 책을 읽고 개념을 이해하고 상징을 받아들이기는 아직 준비되어 있지는 않다라고 말할 수 있겠습니다.

어른들의 욕심이나 생각에 유아에게 과도한 학습을 받게 했을 때 아이는 '과잉학습장애'로 이어질 가능성도 무시할 수 없습니다. 과잉학습장애는 발달 수준을 전혀 고려하지 않은 채 무리한 학습을 시켰을 때 나타나는 스트레스성 질환입니다. 이 질환에 걸리면 아이가 과잉학습에 대한 거부 행위로 공격적이고 난폭한 행동을 보이거나 다른 사람에게 관심을 보이지 않고 의사소통을 하지 않는 유사 자폐의 증상을 보이기도 합니다. 또한, 학습과 관련된 책이나 교재, 교구에 대해 무조건 거부반응을 보이는 모습도 나타냅니다. 한 마디로 뇌의 과부하로 인한 학습 부작용이라고 말할 수 있겠습니다.

4세 정도가 되면 본격적으로 언어 발달의 결정적 시기가 다가오게 되지요. 이 때부터 언어 발달의 창이 활짝 열리기 시작합니다. 그렇다고 해서 말이나 글에서 담고 있는 모든 상징적 의미들을 이해할 수 있을 정도로 충분히 인지능력과 사고가 아직은 발달하지 못한 상태입니다. 이런 아이에게 어려운 책이나 교재를 들이밀며 추상적이고 상징적인 내용을 가르치게 되면, 오히려 뇌발달을 저해하는 결과를 초래하게 됩니다.

유아들의 뇌 속에서는 시냅스가 활발하게 만들어지면서 세포 신경망들이 형성되고 있고, 기억과 관련된 뇌발달도 빠른 속도로 진행되고 있기 때문에 문자를 가르치기 시작하면 금방 익히고 기억합니다. 그냥 한 번 가르쳐 준 글자를 기억했다가 간판을 읽거나 생각지도 못하게 책을 읽어 내려가기도 하는 모습을 발견하실 수도 있습니다. 그런데 그것이 과연 글자의 의미를 알고 간판을 읽고 책을 읽는 것일까요?

책을 읽는다는 것에 대해서 생각해 보지요. 책을 읽는다는 것, 즉, 독서는 글과 문장의 의미를 이해하고, 자신의 경험과 비교하며, 책 속의 등장인물의 감정과 상황을 유추하는 것을 의미합니다. 독서를 통해서 책 속에 나와 있는 개념과 상징들을 어려움 없이 받아들여 자신의 정보와 지식 차원을 점차 넓혀나가게 됩니다. 그런데 이제 막 한글을 깨친 아이가 과연 얼마나 내용을 이해하며 책을 읽을 수 있을까요? 사실 아이가 글을 읽는 것은 의미를 알고 읽기 보다는 글자의 모양을 기억해 놨다가 소리를 내는 것과 다르지 않습니다.

실제로 어릴 때 신동이니 영재 소리를 들을 정도로 빠르게 한글과 알파벳 등을 익혀서 무슨 책이든 읽어냈던 아이가 막상 초등학교에 들어가서 교과서를 읽고 감상을 이야기해 보라고 하면 내용을 이해하지 못해 쩔쩔 매는 경우도 심심치 않게 찾아볼 수 있습니다.

유아들의 뇌가 다양한 학습을 위해 준비하고 있는 과정이라는 것은 맞는 말입니다. 하지만 이때의 학습은 어른들이 생각하는 말, 글과 같은 문자와 상징을 이용한 추상적인 개념 학습이 아니라 눈으로 보고 손으로 만지며 냄새를 맡고 소리를 듣는 것과 같이 오감을 통해 전해지는 경험에 근거하여 자신의 머릿속에 나름의 개념을 만들어가는 과정으로서의 학습일 뿐입니다. 이 과정을 거쳐야 아이의 뇌는 문자와 상징의 개념을 이해할 수 있을 정도로 성숙해지는 것이지요.

선행의 덫

많은 사람이 가지고 있는 착각 중 하나가 어린아이가 어른과 다르지 않을 것이라고 생각하는 것입니다. 이것은 유아의 뇌가 어른의 뇌와 비교해보았을 때 기능이 같다고 여기는 것과 마찬가지의 의미일 것 같아요. 아마도 어른이나 아이 모두 위와 장을 비롯한 신체 내부 기관의 기능이 다르지 않기 때문에 그렇게 생각할 수 있지요. 아이이건 어른이건 모두 위에서 음식을 분해하고 소화하며 장을 통해 배설물을 밀어내는 과정은 동일한 것처럼 말이지요. 아이라고 해서 다른 기능을 가지고 소화를 하거나 어른이라고 해서 더 발달된 다른 신체 기관을 가지고 있는 것은 아니니까요.

그러나 뇌는 다른 신체 기관과는 다릅니다. 인간이 점점 나이 들어감에 따라 뇌의 대뇌피질의 두께를 비롯한 구조가 바뀌게 되고 그에 따라 그 기능도 점차 달라집니다. 그렇다면 언제쯤 뇌의 기능이 완성될까요? 지금까지의 연구에 따르면, 청년기 정도 되어야 뇌의 전반적인 기능이 완성된다고 합니다. 이 말에는 매우 큰 의미가 담겨 있습니다. 청년기까지 뇌는 계속 바뀌고 변화할 수 있다는 것입니다. 물론 더 발달하고 좋아질 수도 있지만, 그 반대로 더 기능이 떨어지거나 제대로 작동하지 않을 수도 있습니다. 이와 같은 뇌의 변화에 영향을 미치는 요인이 바로 환경입니다. 결국 좋은 환경이 좋은 뇌를 만드는 것이지요. 좋은 뇌를 만드는 좋은 환경은 과연 무엇일까요? 그것은 비단 시설 좋은 학원, 많은 교재 등을 말하는 것은 아닐 것입니다.

특히, 4~6세까지는 인성, 사회성, 도덕성의 발달과 관련이 있는 뇌 영역이 발달하는 시기라는 점도 기억해주시길 바랍니다. 따라서 사람들과의 친밀한 관계 형성과 애정의 경험이 쌓일 수 있도록 환경을 마련해주는 것이 필요합니다.

어린 뇌가 쪼그라들고 있다

아직 성장 중인 유아기의 뇌가 과도한 선행학습을 하게 되면 어떻게 될까요? 앞서 말씀드렸던 바와 같이, 유아기의 선행학습은 준비가 되어 있지 않은 뇌에 일방적으로 계속해서 쏟아붓고 있는 것과 마찬가지의 공격을 퍼붓는 것과 마찬가지의 상황입니다. 그것은 마치 입안에 음식을 물고 있는 사람의 입속에 꾸역꾸역 음식을 우겨넣는 것과 다르지 않습니다. 이런 상황 속에 처해 있는 아이에게 나타나는 첫 번째 반응은 바로 스트레스 반응입니다. "아이가 무슨 스트레스를 받냐?"라고 말씀하실 수도 있습니다. 분명한 것은 어린 아이들도 스트레스를 느끼고 스트레스 반응을 보입니다. 특히, 유아기의 뇌가 이해하고 받아들일 수 있는 수준보다 훨씬 앞선 다량의 학습 자극은 당연히 스트레스를 유발하게 됩니다.

스트레스는 많은 질병의 원인이 되지요. 그 이유는 바로 스트레스 호르몬인 코티졸이 뇌를 비롯한 신체의 여러 기관에 악영향을 미치기 때문입니다. 유아들에게도 마찬가지로 부정적인 영향을 주게 되는데요, 코티졸이 과도하게 방출되었을 때 가장 먼저 피해를 입는 것이 바로 해마와 변연계 및 전전두엽입니다.

해마는 우리가 금방 학습한 내용을 저장하는 단기기억장치입니다. 변연계 아래쪽에 위치하고 있는데요, 해마가 코티졸에 오랜 시간 동안 노출되면 해마의 뇌세포가 파괴되고 부피도 줄어들며 결과적으로 기억력이 떨어지게 됩니다. 그래서 아이에게 과도한 공부와 학습을 강요하면 처음에는 곧잘 외우고 기억하다가 시간이 지날수록 점점 기억하는 데 어려움을 겪고 이전에 학습했던 내용을 전혀 기억하지 못하는 경우도 발생할 수 있답니다.

스트레스를 느낄 때 발생하는 또 다른 호르몬으로 코르티코트로핀 방출 호르몬이 있는데, 이 역시 장기적으로 발생하면 유아의 뇌가 손상됩니다. 이 호르몬은 아드레날린을 분비시켜 갑자기 근육을 써야 할 때 폭발적인 에너지를 쓸 수 있도록 해주지요. 그러나 이 호르몬 역시 오랜 시간 분비되면 오히려 뇌세포 간의 연결망인 시냅스를 망가뜨립니다.

더 심각한 부정적인 영향은 바로 뇌유도신경영양인자Brain Neurotrophic Factor : BDNF를 감소시킨다는 점입니다. 뇌유도신경영양인자는 뇌에서 만들어지고 뇌에 공급되는 일종의 영양제라고 생각하시면 될 것 같습니다. 이 영양제로 인해서 뇌는 효율적으로 움직일 수 있게 됩니다. 그런데 코르티코트로핀 방출 호르몬은 이러한 뇌유도신경영양인자가 분비되는 것을 방해하여 뇌세포에 영양이 공급되지 못하도록 만들지요. 결국 코르티코트로핀 방출 호르몬은 뇌에 영양이 공급되는 것을 차단해 시들시들하게 만들고, 결국 뇌가 기능을 할 수 없을 정도로 쪼그라들게 만들어버립니다.

뇌세포 간의 연결망인 시냅스를 망가뜨려 뇌를 손상시킬 뿐만 아니라 영양분 공급까지 막으니 스트레스가 얼마나 무시무시한지 알 수 있지요. 그런데 그 대상이 유아라면 그 결과는 더욱 심각할 수 있습니다. 스트레스의 가장 큰 문제는 변연계와 전전두엽을 망가뜨리기 때문이지요. 아직 한창 성장 중에 있는 유아의 변연계, 전전두엽을 손상하게 되면 어떤 결과를 초래하게 될까요?

우리가 스트레스를 받으면 일반적으로 부정적인 정서가 같이 동반되어 느껴집니다. 불안, 분노, 두려움 등을 느낄 때 스트레스를 받기도 하고, 스트레스를 받으면 이런 부정적인 정서가 발생하기도 하지요. 물론 스트레스가 단기간 동안 발생하는 것이라면 오히려 활력이 생길 수도 있지만, 장기간 만성적으로 스트레스를 받으면 무력감과 좌절감을 느끼게 됩니다. 하물며 스트레스를 경험하는 대상이 유아라면 그 심각성은 더하겠지요. 유아는 스트레스에 대한 대처 경험이나 방법을 모르기 때문입니다. 어른들은 기분이 나쁘거나 짜증이 나면 그것을 해소하기 위한 나름의 방법을 사용하지요. 친구를 만나서 수다를 떤다거나 운동을 하면서 잊어버릴 수도 있고, 술한잔을 할 수도 있겠지요. 그러나 어린아이들은 스트레스를 스스로 어떻게 해소해야 할지 모르기 때문에 그저 울거나 떼를 쓰거나 몸으로 그 증상이 나타납니다.

결국 지속적인 스트레스는 변연계, 특히 편도체를 부정적인 정서의 상태로 만들고, 코티졸과 코르티코트로핀 방출 호르몬이 함께 유아의 뇌를 공격하면서 전전두엽을 손상시키는 것이지요. 앞에서 살펴본 바와 같이 전전두엽의 손상은 자신의 정서를 이해하고 타인의 감정에 공감하는 이해력에 문제를 발생시켜 인성과 도덕성까지 망가뜨리게 됩니다.

결국 어른들의 욕심으로 아이가 냉담하고 타인에 대한 관심과 배려가 전혀 없는 '그림자 증후군'의 희생자가 될 수도 있는 것입니다.

놀이터의 비밀

최근 10년 만에 우리나라의 소아 비만율이 두 배 정도 증가했다고 합니다. 육류와 패스트푸드 등의 서구화된 식단이 큰 원인이기는 하지만, 소아비만에 지대한 영향을 미친 것은 바로 운동 부족이라고 볼 수 있습니다. 과거에는 따로 운동이 필요 없을 정도로 아이들이 집 밖에서 뛰어놀았지요. 땅바닥에 선을 긋고, 돌멩이 하나로 반나절을 깔깔거리며 놀았고 고무줄 하나도 훌륭한 놀잇감이 되었습니다.

그런데 어느 날부터 놀이터와 골목에서 아이들의 웃음소리가 사라졌습니다. 대신 제 몸보다 큰 가방을 짊어지고 어린 시절부터 이 학원 저 학원으로 몰려다니는 모습만 눈에 띄고 있지요. 학원을 갈 때도 문 앞에서 태워 문 앞에서 내려주는 학원 차량을 타고 다니니 아이들은 도무지 땅을 밟아볼 기회가 없게 되고 있고요. 아이들이 놀이터에서 친구를 만날 수 없으니 친구를 만나려면 학원을 가야 한다고 말할 정도가 되었으니까 말입니다.

　뇌에 대한 오해 중 하나는 뇌는 인지기능과 관련이 있으니까 뇌에 도움이 되는 것은 책이나 경험이며, 뇌와 신체활동은 무관하다고 오해를 합니다. 물론 뇌는 주로 책을 읽고 생각을 해야 발달하는 것이고, 신체활동은 주로 몸과 관련이 있는 것이니까 말이지요. 정말 그럴까요?

밖으로 나가라

　먼저 어릴 때 신체활동을 많이 하는 것이 아이들에게 어떤 영향을 주는지에 대해서 살펴보도록 하겠습니다. 첫째는 신체활동을 통해서 사고 및 인지발달을 촉진한다는 것입니다. 숨이 턱에까지 차도록 뛰어다니며 운동을 할 때 심장박동은 점점 빨라지고 이때 몸 근육이 빠르게 움직이면서 인슐린양성장인자IGF-1라는 것이 만들어지게 되는데요. 인슐린양성인자는 운동을 하면서 만들어지는 단백질입니다. 이것이 혈류를 따라 온몸을 돌면 세포가 잘 분화될 수 있는 기능을 갖게 됩니다. 한마디로 몸의 세포들이 잘 만들어지게 해준다는 것이지요. 또한 뇌세포를 발달하게 만들고 뇌세포의 기능도 좋아지게 만듭니다. 특히 앞서 살펴보았던 뇌유도신경영양인자라는 뇌의 영양제를 왕성하게 만들어내어 뇌가 더욱 좋아지고 발달하게 되는데 결국 몸을 튼튼하게 하기 위해서 한 운동은 신체뿐만 아니라 뇌도 함께 발달하게 되고 더 좋은 기능을 갖게 되는 것입니다.

　둘째는 신체활동을 통해서 정서발달이 이루어진다는 것입니다.

좀 더 정확하게 말하면, 신체활동을 통해서 긍정적인 정서를 느끼게 된다는 것입니다. 기분을 좋게 해주는 방법으로 운동만큼 좋은 경험이 없지요. 신나게 운동을 하고 땀을 쏟을 때 뇌에서는 도파민, 세로토닌, 노어에프네프린 등의 신경전달물질이 분비됩니다. 이 신경전달물질들은 모두 유쾌하고 좋은 기분 상태, 안정적인 정서를 만들어주는 기능을 담당합니다. 운동을 하고 난 뒤 상쾌하면서 후련한 기분이 드는 것은 이 신경전달물질 덕분이지요.

도파민은 즐거운 기분과 쾌감을 불러일으키는 작용을 하고, 세로토닌은 정서적으로 안정되게 만들어주면서 분노나 공격성을 감소시키는 역할을 합니다. 장기간 세로토닌이 생성되면 자신감도 생기게 되고요. 노어에프네프린은 기운을 북돋는 기능을 맡고 있습니다.

이와 같이 운동을 자주 하면 긍정적인 기분이 안정적이고 건강한 정서발달을 촉진시켜주는 것이지요. 또한, 학습능력과 집중력, 기억력 향상에도 상당한 영향을 미칩니다. 아이에게 신체활동은 뇌에도 꼭 필요한 활동이랍니다.

부모가 아이에게
물려줘야 할 한 가지

지금 어른들에게 어린 시절은 동네에서 친구들과 깔깔거리고 쉴 새 없이 떠들어대며 어둑어둑해질 때까지 노는 것 이외에는 별걱정이 없는 시간이었을 것입니다. 어쩌면 그렇게 행복하고 즐거운 시절이 있었기 때문에 현재의 고통과 좌절도 건강하게 이겨내고 있는지도 모르겠습니다.

뇌의 발달 속도가 빠른 유아기에 웃고 떠들며 뛰어노는 것은 중요한 활동입니다. 몸을 움직여 즐겁게 노는 것은 건강한 신체만 만들어주는 것이 아니라 건강한 뇌도 함께 만들어주기 때문입니. 기분이 유쾌하고 즐거울 때는 도파민, 세로토닌, 노어에피네프린과 같은 신경전달물질들이 뇌에 전달되고 방출됩니다. 이 신경전달물질들은 쾌감이라는 정서와 연결되어 있을 뿐만 아니라 뇌를 긍정적이고 건강하게 만들어 안정된 정서를 갖게 해주고 집중력을 높여줍니다. 아이들이 활짝 웃고 있을 때는 아이들의 뇌도 함께 웃고 있는 것이라고 생각하면 됩니다.

그러나 항상 아이가 신체적으로 지쳐 있고 불안감을 느낀다면 뇌의 상태도 비슷하다고 볼 수 있습니다. 더군다나 스트레스에 계속 방치되어 있는 경우에 유아는 자신의 상태를 언어로 표현하는 것조차 어렵고 스트레스에 대처할 수 있는 방법이나 기술도 거의 없기 때문에 스트레스를 발산하지 못하면서 뇌에 심각한 영향을 받게 됩니다.

웃는 뇌에 방출되는 도파민, 세로토닌, 노어에피네프린이 스트레스를 받고 있는 뇌에서는 극히 부족한 것으로 나타나고 있습니다. 이렇게 되면 아이는 정서뿐만 아니라 기억력과 집중력에도 문제가 생기고, 스트레스성 질병으로 이어질 가능성이 매우 높습니다.

유아가 겪는 스트레스성 질병에는 정서불안, 무력증, 우울증, 유사자폐증과 같은 것들이 있습니다. 유아가 스트레스를 겪을 때 뇌의 상태가 자폐증과 상당히 유사하다는 연구 결과도 찾아볼 수 있습니다. 미국 트렌턴주립대학의 린 워터하우스Lynn Waterhouse 박사는 자폐증과 관련된 신경기능장애를 밝혀냈는데요. 자폐증이 해마와 편도체 및 전전두엽의 문제와 관련이 있다는 것을 알아낸 것입니다. 자폐증 환자의 해마를 살펴보면, 뇌세포 간의 연결망이 비정상적인 형태를 보여 현재 사건과 과거에 저장되었던 기억이 산발적이고 분산적으로 뒤엉켜 있는 것으로 나타난다고 합니다.

편도체와 전전두엽의 작동에 문제가 생기면 그림자 증후군 환자와 마찬가지로 전전두엽에서 정서를 해석하고 자신에게 무엇이 얼마나 중요한지 우선순위를 매기는데 어려움이 발생하게 되는 것입니다. 이 두 가지 문제는 앞에서 살펴봤던, 선행학습이 유아의 뇌에 미치는 악영향과 일치하는 내용입니다. 유아가 선행학습으로 인해 스트레스가 장기적으로 지속되면 유사자폐증이 나타날 수 있다고 유추할 수 있는 것입니다.

인간은 태어나서부터 죽을 때까지 끊임없는 스트레스에 시달리면서 살게 됩니다. 그 강도가 약하거나 강할 뿐 누구나 스트레스를 겪는 것은 숙명과도 같은 것입니다. 우리가 아이들에게 길러줘야 할 것은 선행학습을 통한 학습능력보다는 평생 겪게 될 스트레스를 긍정적으로 대처하고 이겨낼 수 있는 건강한 힘이라고 말할 수 있습니다.

그러기 위해서는 어린 시절만큼이라도 아이답게 활짝 웃으며 떠들며 놀도록 해주는 것이 어떨까요. 아이의 발달 수준에 맞게 세상을 경험하도록 도와주고 지지해주며 같이 웃을 때 아이의 뇌도 활짝 웃게 될 것입니다. 또 앞으로 겪게 될 수많은 스트레스에도 지지 않고 이겨낼 수 있는 힘이 길러지게 됩니다.

우리 아이 정말 궁금합니다

Q 아들 때문에 고민이 많은 엄마입니다. 저희 아이는 지금 6세이고 어린이집을 다니고 있어요. 그런데 어린이집에서 선생님께서 수업을 하거나 활동을 할 때마다 아들이 집중을 못 하고 다른 아이들을 방해한다고 하는 이야기를 자주 듣고 있습니다. 전에 텔레비전 프로그램에서 보니 주의집중을 못하는 아이들이 ADHD라는 병이 있다고 하는데, 저희 아들도 그런 걸까요?

A 집중을 잘 못 하거나 산만한 자녀의 모습을 보면서 걱정을 하시는 부모님들이 종종 있습니다. 보통 4~6세 정도 되는 유아들의 경우 무엇인가에 집중하는 시간은 대략 7~10분 정도 된다고 볼 수 있습니다. 그리고 아이의 성향이나 기질에 따라서 주의 집중 시간의 차이가 있을 수 있고, 한창 신체가 발달하고 있는 남아의 경우에는 가만히 앉아 있는 것이 어려워서 어린이집에서 집중하는 모습을 보이지 못할 수도 있습니다.

또한 주의집중력이 낮거나 문제를 가지고 있다면 집중 시간이 매우 짧을 수도 있습니다. 만약 그렇다면 말씀하신 것처럼 주의력결핍과 관련된 문제행동으로 보는데요, 보통 두 가지로 나누어 봅니다. 주의력결핍장애Attention Deficit Disorder:ADD나 주의력결핍과잉행동장애Attention Deficit Hyperactivity Disorder:ADHD입니다. 주의력결핍장애의 경우 주의집중시간이

1분 미만으로 극히 짧아서 과제나 활동을 수행하는 데 어려움을 겪게 되고, 주의력결핍과잉행동장애는 주의집중 시간도 짧으면서 동시에 쉽게 흥분하고 폭력적인 행동을 나타낸다는 특징이 있습니다.

이와 같은 주의력결핍과 관련된 질병은 유아기에 증상으로 나타나기보다는 일상의 행동이나 습관에서 나타나게 되는데요, 영아기에는 젖을 잘 빨지 못하거나 먹는 양도 극히 적고 먹는 동안에도 칭얼거리면서 여러 번 나누어서 먹는 모습을 보입니다. 영아기에는 보통 13시간 이상의 수면을 취하는데, 주의력결핍의 문제를 가지고 있을 때에는 잠을 매우 적은 시간 자고 사소한 반응에 놀라서 깨거나 떼를 많이 씁니다. 유아기에는 투정을 많이 부리고 안절부절못하거나 과도하게 손가락을 빨고 몸을 앞뒤로 흔들면서 다른 사람의 말을 귀담아 듣지 못하는 모습을 보입니다.

주의력결핍 질환의 원인은 아직까지 분명히 밝혀지지 않았습니다. 일반적으로 증상은 6~7세 정도에 많이 나타나며 우리나라 아동 중 약 13퍼센트 정도가 주의력결핍 질환을 겪고 있다고 합니다. 주의력결핍 질환은 조기에 발견하여 치료하게 되면 증상이 많이 좋아지고 학교에서도 적응할 가능성도 높다는 점을 기억해 주시기 바랍니다. 유아기 아이를 대상으로 하여 주의력결핍 질환을 진단하는 간단한 자가진단을 제시하면 다음과 같습니다.

유아 주의력결핍 질환 자가진단법 (한국건강관리협회)

1. 오랫동안 가만히 앉아 있지를 못한다

2. 질문 도중에 말을 끊고 마음대로 대답한다

3. 말이 많다

4. 한 가지 일을 다 끝내기 전에 다른 일을 시작한다

5. 다른 사람 말을 잘 듣지 않는다

6. 물건을 잘 잃어버린다

7. 앉아 있는 도중에도 자꾸 몸을 이리저리 움직이려고 한다

8. 외부 자극으로 인해서 집중하지 못하고 금방 산만해진다

9. 집중력이 부족하다

10. 무언가를 할 때 자기의 차례를 기다리기 힘들어한다

11. 시끄럽게 논다

7세 이전의 유아를 대상으로 하여 위의 11가지 항목 중 8개 이상의 항목을 6개월 이상 보이고 있다면 전문의료기관에 내원하셔서 진단을 받아보시길 권해드립니다.

Q 저희 아이는 현재 어린이집에 다니고 있고 다른 사교육 등은 전혀 하지 않고 있는 상태입니다. 유아기가 언어발달의 중요한 시기라고 들었는데, 제가 아이와 집에서 즐겁게 할 수 있는 방법이 있을까요? 아이의 언어발달이 잘 나타날 수 있도록 어떻게 해주면 좋을까요?

A 유아기가 되면 언어가 급속도로 발달하는 언어발달의 결정적 시기가 시작됩니다. 그렇다고 해서 자녀의 언어능력을 향상시키기 위해서는 언어 학습에만 집중하는 것은 권하지 않습니다. 언어를 '공부해야 하는 것', '외워야 하는 것', '지루한 것'이라는 생각이 들면 오히려 언어에 대한 흥미와 관심이 사라질 것입니다. 그래서 자녀가 언어에 대한 호기심을 가질 수 있는 언어 자극이 풍부한 환경을 만들어주는 것이 중요한데요. 장난감이나 놀잇감이 풍부한 환경 속에서 자란 쥐의 뇌는 아무것도 제공되지 않은 환경에서 자란 쥐의 뇌보다 훨씬 발달한다고 합니다. 물론 그렇다고 해서 특별히 비용을 들여 언어발달을 위한 방을 만들어준다거나 고민할 필요는 없습니다. 현재 상태에서도 얼마든지 언어능력을 키워줄 수 있습니다. 그렇다면 아이의 언어발달에 도움이 되는 환경을 좀 더 자세히 알아볼까요?

언어발달에 도움이 되는 환경

▶ 집 안에서 자녀와 함께 책을 읽거나 무엇인가를 쓰는 활동을 할 수 있는 '우리만의 공간'을 정하는 것이 좋습니다. 햇빛이 잘 드는 밝은 곳이 좋고, 이 장소에 있을 때에는 텔레비전이나 휴대폰 등의 소음이 들리지 않도록 하는 것이 좋습니다.

▶ 자녀의 연령대에 맞게 낮은 책상이나 의자 혹은 테이블을

준비해주세요. 거창한 책상보다는 주저앉아서 그리거나 읽기, 쓰기를 할 수 있는 편안한 탁자면 충분합니다.

▶ 자녀의 방을 너무 알록달록하게 꾸미기보다는 차분하게 꾸며주세요. 안정된 정서를 유도하는 데 도움이 됩니다.

▶ 자녀가 읽기와 쓰기를 하는 '우리만의 공간'에서 집중할 수 있기 위해서는 장난감이나 집중을 흩뜨리는 물건은 다른 곳에 두는 것이 좋습니다.

듣기 활동에 도움이 되는 자료

▶ 자녀의 듣기 활동을 위해서는 동영상보다는 듣기만 가능한 방법을 사용해 보시기를 추천드립니다. 동영상을 통해서 듣게 되면 청각 자극에 집중하기보다는 시각 자극에 더 많이 집중하기 때문입니다. 듣기 활동에 도움이 되는 방법은 녹음기, 마이크, CD와 음성 콘텐츠 등을 활용해 보시길 바랍니다.

▶ 자녀가 녹음기를 이용해서 자신의 소리를 녹음해서 들어보도록 합니다. 이러한 활동은 자발적으로 말하고 듣기를 유도할 수 있습니다.

▶ 부모님의 목소리로 동화, 동시, 동요를 들려주면 친근하기 때문에 더 잘 집중하게 됩니다.

▶ 동화책과 녹음된 소리를 동시에 활용하면 듣기와 읽기를 함께할 수도 있습니다.

말하기 활동에 도움이 되는 자료

▶ 자녀와 함께 녹음기, 마이크, 무전기 등을 활용해 상상놀이나 역할놀이를 해보세요. 재미있고 흥미롭게 대화를 유도하며 말하기 활동을 할 수 있습니다. 자녀와 역할을 바꿔서 녹음을 하거나 실 전화를 만들어서 전화 놀이를 해보는 것도 좋습니다.

▶ 그림 순서 카드, 수수께끼 상자 등을 활용하면 논리적으로 말하는 데 도움이 됩니다.

▶ 다양한 동화책을 들려주고 등장인물의 대사나 대화를 흉내 내기도 말하는 능력을 향상시키는 데 도움이 됩니다.

읽기 활동에 도움이 되는 자료

▶ 책을 고를 때에는 유행하는 동화책이나 전집류의 책, 글자 수가 많은 책보다는 자녀가 좋아하는 소재를 담고 있는 책을 찾는 것이 좋습니다. 가령 자동차를 좋아하는 자녀에게는 자동차 그림이 많은 책을 함께 읽는 것이 좋습니다. 다른 아이들이 재미있다고 해서 자녀가 좋아하지 않을 수도 있다는 점을 기억해 주시길 바랍니다.

▶ 단어카드 또는 가족들의 사진과 이름이 적힌 카드를 준비해서 친근하고 자연스럽게 읽기 연습을 해보도록 합니다.

▶ 녹음기 등을 이용해 아이가 책을 읽을 때 녹음해서 들려주면 읽기를 더욱 즐거워하게 됩니다.

쓰기 활동에 도움이 되는 자료

▶ 화이트보드, 하드보드 글자 및 글자판, 글자 퍼즐, 한글 자모음 글자판, 이름카드 등을 이용하여 쓰기를 해보거나 글자 만들기를 할 수 있는 도구를 사용해서 글자에 대한 관심을 갖도록 합니다. 소근육이 아직 발달하지 않은 유아의 경우 쓰기를 힘들어할 수 있으니 즐겁게 끄적이는 활동을 하는 것도 좋습니다.

▶ 크레파스, 크레용, 연필, 지우개 등 다양한 필기도구를 준비해서 자녀가 흥미를 보이는 필기도구를 사용해 쓰기와 친해지도록 합니다.

▶ 종이, 노트, 스케치북, 안 쓰는 종이, 이면지, 달력의 뒷면 등도 쓰기 활동을 하는 데 활용할 수 있습니다.

Q 내년이면 아이가 어린이집을 가야 하는데, 한글을 가르쳐야 할까요? 어떻게 가르쳐야 할지도 막막한데, 한글을 가르친다고 해도 아이가 이해할 수 있을지 잘 모르겠습니다.

A 사실 자녀가 읽기 능력을 갖추지 못하고 초등학교에 들어가게 되면 학교생활에 적응하기 어려울 수 있습니다. 그렇지만 너무 일찍 읽기를 시작하거나 과도하게 읽기를 강요하게 되면 자녀는 읽기, 글에 대해 거부감을 느낄 수 있고, 오히려 읽기를 해야 하거나 글을 보면 긴장을 하거나 불안감을 느

껴서 거부하거나 난독을 일으키기도 합니다. 따라서 한글을 가르칠 때 가장 중요하게 여겨야 할 것은 재미있어야 한다는 것입니다. 4세의 연령은 언어발달의 결정적 시기이므로 문자에 대한 관심이나 글, 말에 대해서도 호기심을 갖고 쉽게 받아들이고 어휘력도 빠른 속도로 증가합니다. 읽기를 잘할 수 있는 발달시기인 만큼 자녀의 호기심을 자극하면서 즐겁게 배울 수 있도록 해야 합니다.

사실 주변을 둘러보면 문자로 가득합니다. 간판, 신문, 전화기 메시지 등도 모두 글자로 채워져 있습니다. 자녀가 그런 글자들에 관심과 호기심을 보이면 그때부터 천천히 책을 읽어주거나 아이의 이름을 써주면서 글자를 알고 싶어 하도록 유도하는 것이 좋습니다. 이 시기의 읽기 능력과 관련된 내용을 소개하면 다음과 같습니다.

4~6세까지의 읽기 능력

읽기능력	내용
읽기에 흥미를 갖게 된다	일상생활에서 자주 접하는 글자에 흥미를 갖고 읽어본다 여러 가지 읽기 놀이를 한다 자신의 이름을 알아본다 주변에서 자주 보는 글자를 읽는다
동요, 동시, 동화를 읽을 수 있다	동요, 동시, 동화를 여러 매체를 이용해 읽어본다 동요, 동시, 동화를 읽고 자신의 느낌을 다양하게 표현한다
읽어주는 글을 이해할 수 있다	읽어주는 글의 내용에 관심을 보인다 읽어주는 내용에 대해 서로 이야기를 나눈다

	책에 흥미를 보이고 그림책을 즐겨본다
그림책 읽기를 즐길 수 있다	좋아하는 책을 자주 본다 책을 소중하게 다룬다 궁금한 것이 있을 때는 교사와 함께 책을 찾아본다 스스로 다양한 주제의 그림책을 찾아 읽는다

Q 아이가 내년에 학교에 들어가야 하는데, 한글을 제대로 못 씁니다. 읽기는 곧잘 하는 것 같은데 쓰기는 어떻게 가르쳐야 할까요?

A 유아의 인지가 발달하는 증거로 자신이 알고 있는 내용을 말이나 글로 드러내고 싶어 하는 모습을 들 수 있습니다. 말이나 글을 사용한다는 것은 말하기와 쓰기를 통해 자신의 생각을 전달할 수 있다는 것입니다. 하지만 어른들의 관점과 기준으로 너무 엄격하게 자음과 모음, 단어, 문장에 대해 가르치면 아이는 거부감이 먼저 생기게 됩니다. 쓰기 능력은 아무렇게나 끄적거리는 낙서에서 키워나가는 것이 좋습니다. 맞춤법에 맞지 않은 글, 비뚤거리는 글씨 등을 애써 바로잡아주며 아이에게 스트레스를 주지 않도록 하면서 조금이라도 좋아지고 향상되는 점을 먼저 주목해서 칭찬해 주세요. 이 시기의 자녀들은 부모님의 격려를 통해서 더욱 열심히 하고 싶어 합니다.

아이가 거부감 없이 쓰기능력을 향상시킬 수 있는 방법으로 무엇이 있을까요? 단순히 쓰기를 가르치기 위한 교육은 영유아에게 아무런 의미를 제공하지 못할 뿐만 아니라 쓰기 자체에 흥미를 잃게 만들 수도 있습니다. 쓰기에 관심을 갖게 하려면 아이가 쓴 내용을 누군가에게 전달하는 활동 등이 재미를 주고 자녀에게 성취감을 줄 수 있습니다. 예컨대, 가족에게 편지쓰기, 이름을 써서 예쁘게 꾸미고 난 뒤 전해주기 등의 활동은 쓰기 시간을 재미있게 느끼게 해 줍니다. 쓰기는 시간이 상당히 걸리는 활동이며 과정이라는 점을 꼭 기억하셔서 인내심을 가지고 지도해 주시기 바랍니다. 그리고 이 시기의 쓰기 능력과 내용을 소개하면 다음과 같습니다.

4~6세까지의 쓰기능력

쓰기능력	내용
낱말과 문장 쓰기에 흥미를 가진다	낱말과 문장을 그림으로 표현하거나 끄적거린다 낱말과 문장을 글자와 비슷한 형태나 글자로 쓴다 글자를 보고 모방해서 쓰기를 해본다 자신의 이름을 쓴다
자신의 느낌, 생각, 경험을 쓰는 데 흥미를 가진다	자신의 느낌, 생각, 경험을 그림으로 표현하거나 끄적거린다 자신의 느낌, 생각, 경험을 글자와 비슷한 형태로 쓴다 다른 사람에게 하고 싶은 이야기를 그림과 글자로 쓴다
쓰기 도구와 매체를 사용할 줄 안다	다양한 필기구와 종이, 키보드, 마우스, 그 밖의 쓰기 관련 매체를 사용한다

부모를 위한 지침

사랑하는 자녀의 인성과 감정조절의 롤모델은 바로 부모님!

- 감정을 통제하고 조절하는 전전두엽의 시냅스의 신경 세포망이 형성될 수 있도록 바른 인성의 태도와 감정조절 전략을 아이들이 학습할 수 있도록 합니다. 자녀들의 거울세포는 부모님께서 보여주시는 인간관계의 기술, 도덕적 행동, 감정 조절 방법을 그대로 따라 한다는 점을 기억해주세요. 그러므로 부모님께서는 자녀의 롤모델임을 잊지 마시고 거울세포가 따라 할 수 있는 거울행동을 많이 보여주세요!

- 부모님의 감정조절 전략과 자녀의 감정조절 전략의 상관은 매우 높습니다. 즉 부모님께서 화가 났을 때 감정을 추스르는 모습을 자녀도 똑같이 따라 한다는 것이지요. 그러므로 건강하게 감정을 조절하는 방법을 자녀에게 자주 보여주시길 바랍니다. 예를 들어 더운 날씨나 교통 체증으로 짜증이 났을 때 신경질을 내는 모습이 아닌 감정과 기분을 환기시키는 모습을 보여주는 것이지요.

- 이러한 감정조절 전략을 말로 설명해 주면서 보여주면 더욱 효과적이랍니다. 왜 기분이 나쁜지, 어떤 경우에 어떤 감정을 갖게 되는지, 그래서 어떤 방법을 사용하면 나쁜 기분을 좋은 기분으로 바꿀 수 있는지 등을 알려주는 것이지요. 이런 부모님의 말씀이 값비싼 교재나 교구, 유명한 콘텐츠보다도 훌륭한 감정 조절 교과서가 된답니다.

- 간혹 격한 감정이 일어나 자녀가 보는 앞에서 공격적이거나 폭력적인 모습을 보였다면, 자녀에게 충분한 설명과 해주면서 자녀의 마음을 안심시켜주는 것도 필요합니다. 그리고 앞으로는 조심할 것이라는 약속도 해주시면 더욱 좋습니다.

사랑하는 자녀의 언어발달을 이끄는 핵심 방법은 대화랍니다

- 자녀가 말을 잘 하고 다양한 언어표현을 잘 할 수 있는 가장 좋은 방법이자 도구는 바로 부모님과의 대화입니다. 대화를 나눌 때는 꼭 눈을 맞춰주세요. 눈을 맞춘다는 것은 자녀의 말에 귀 기울이고 있으며, 중요하게 생각하고 있다는 비

언어적인 표현이기 때문에 자녀는 부모님에게 존중받고 있고 관심받고 있다고 느끼게 됩니다.

- 부모님께서 무엇인가 하고 있을 때 자녀가 말을 걸 때가 있지요. 가령 설거지나 컴퓨터를 하고 있을 때 자녀가 질문을 하거나 말을 하면 하던 일을 멈추고 자녀 쪽을 향해 시선을 맞추고 답변해주시길 바랍니다. 부모님의 뒤통수와 자녀가 대화하지 않도록 해야 하겠죠.

- 부모님께서 맞벌이를 하는 경우, 자녀가 부모님과 함께 보내는 시간이 길지 않을 수 있습니다. 그렇지만 중요한 것은 양이 아니라 질이라는 점을 잊지 마세요! 짧은 시간이라도 부모님께서 자녀와의 대화에 집중해주시고 따뜻하게 안아주시거나 스킨십을 하면서 자녀의 이야기에 대한 반응을 보이면 충분히 즐거운 대화의 시간이 될 수 있습니다.

- 자녀와 대화를 나눌 때에는 자녀가 표현하는 감정이 무엇인지 주의를 기울이도록 합니다. 어린이집이나 유치원에서 있었던 일상적인 일에 대해서 자녀가 이야기를 하면 "그랬구나. ○○는 그때 기분이 어땠어?"와 같이 감정을 떠올릴 수 있는 질문을 더해주세요. 자녀의 전전두엽에서는 정서를 이해하는 시냅스의 신경 세포망이 만들어지게 됩니다.

- 부모님의 일상을 자녀에게 공유해 주는 것도 좋습니다. 직장에서 있었던 일이나 경험들을 이야기하면서 그때 엄마 아빠가 어떤 감정을 느꼈는지 솔직하게 털어놓으면 자녀 역시 부모님의 감정을 학습하고 유대감을 형성하게 됩니다.

뇌가 쑥쑥 크는 활동 모음

1. 사회성 발달을 위한 활동

이 시기는 사회성과 인성발달에도 결정적 시기이므로 다른 사람들이나 또래와의 놀이 속에서 상호작용하면서 사회성을 키울 수 있도록 하는 것이 좋습니다.

① 또래 친구들과 놀 때 순서를 지키고 규칙을 지키는 것이 중요하다는 것을 강

조하고, 이를 잘 지켰을 경우에는 칭찬을 해줍니다. 칭찬은 구체적일수록 좋습니다. 단순히 "잘했다"라는 말보다 "다른 사람을 배려하면서 놀이를 하는 것을 보니 이제 다 컸네", "아까 보니까 순서도 잘 지키던데! 멋져!" 등과 같이 자녀의 행동에 대한 칭찬을 해주시는 것이 좋습니다.

② 때로는 규칙 없이 노는 자유놀이 시간을 주는 것도 필요합니다. 자유놀이하면서 아이들은 규칙이 필요하다는 것을 저절로 알게 되며 친구들과 함께 규칙을 만들고 조율하는 기회를 경험하게 됩니다.

③ 부모님과 함께 놀면서도 자녀가 주도적으로 놀이를 이끌 수 있는 기회를 제공하도록 합니다. 이때 부모님께서는 자녀가 놀이의 규칙을 만들었을 때 함께 잘 지켜주세요. 이러한 경험을 통해서 자녀의 리더십은 자라나게 됩니다.

2. 정서발달을 위한 활동

유아기는 도덕성과 인성의 뿌리가 되는 전전두엽과 변연계의 발달이 활발하게 이뤄지는 시기이지요. 자녀의 전전두엽의 뇌세포 연결망을 잘 구성할 수 있는 활동을 함께 알아보도록 하겠습니다.

① 도덕성과 인성의 뿌리는 다른 사람에 대한 공감능력에서 출발합니다. 이 능력은 전전두엽에서 길러지는 것이고요. 전전두엽이 활성화되도록 다른 사람의 정서에 대해서 살펴보고 유추하도록 하는 경험을 제공해 주도록 합니다. 예를 들어 책이나 애니메이션 속의 등장인물이 어떤 감정을 느꼈을지 물어보고, 등장인물과 같은 상황이라면 자녀는 어떤 기분이 들지, 또 어떤 행동을 할지 물어보는 것으로도 자녀는 다른 사람의 감정을 살펴보게 됩니다.

② 정서를 조절하고 통제하는 연습을 통해 자녀의 자기절제력이 길러질 수 있습니다. 자녀가 화가 나 있거나 짜증이 나 있다면 "○○가 화가 많이 났구나. 그런데 지금 막 화를 내거나 짜증을 낸다면 다른 사람은 어떤 생각이 들 것 같아?", "친구에게 화가 나서 말을 안 하고 놀아주지 않으면 친구하고 앞으로 어떻게 될까?" 등과 같은 질문을 통해 아이가 자신의 감정을 통제하지 못했을 때의 결과를 스스로 생각하게 하면서 자기절제력의 중요성을 이해하도록 이끌어줍니다.

③ 자녀가 기분이 나쁘거나 스트레스를 느낄 정도의 부정적인 정서를 경험했을 때

그것으로부터 벗어날 수 있는 나만의 전략과 기술을 터득할 수 있도록 도와주는 것이 좋습니다. 화가 났을 때는 가장 재미있었던 일을 떠올리거나 밖에 나가 뛰어 놀면서 기분을 전환할 수 있는 나름의 방법을 가져보도록 합니다.

3. 언어발달을 위한 활동
언어발달의 결정적 시기가 시작되는 시점이므로 언어적인 자극을 주되, 즐겁게 언어를 익히고 배울 수 있도록 하는 것이 좋습니다.

① 외국어 익히기
• 외국어를 익힐 때는 문법과 단어를 익히는 것, 쓰기 등보다는 많이 듣는 것부터 출발하는 것이 좋습니다. 이 시기는 먼저 듣기가 발달하는 청각피질이 상당히 발달하는 시기이므로 되도록 듣기를 통해서 외국어를 익히도록 하는 것이 좋습니다.
• 노래나 놀이를 통해 외국어를 익히면 재미있게 그리고 두려움 없이 즐겁게 배울 수 있습니다.

② 읽기 활동 1 - 책 소개하기
• 책을 소개할 때는 아이가 책에 대해 흥미를 가질 수 있도록 아이의 경험과 연결시켜봅니다. 예를 들면 "지난 일요일에 동물원에 갔다가 새끼 호랑이를 본 적이 있지? 오늘은 그 새끼 호랑이가 어른 호랑이가 되는 이야기를 들려줄게"와 같이 말해주는 것이지요
• 책을 다양한 방식으로 소개하도록 합니다.
- 그림책의 표지 그림을 보면서 그림책 내용 유추하기
- 그림책의 제목과 그림을 관련지어 책 내용 추측하기
- 그림책의 저자, 그림을 그린 사람에 대해 말하기

③ 읽기 활동 2 - 책 읽어주기
• 책을 읽어주는 동안 아이가 아는 글자가 나오면 함께 소리 내어 읽어보도록 합니다. 또한 부모님께서 중간중간 "○○ 생각은 어때?", "○○이라면 어떻게 하겠어?"와 같이 다양한 질문과 대답을 하면서 언어적 상호작용을 하는 것이 좋

습니다.

- 자녀가 책에 대해 흥미를 가질 수 있도록 생동감 있게 읽어주는 것이 좋습니다.
- 읽어주었던 책 내용과 관련해서 중간중간 질문을 던지면 집중력과 기억력에 도움이 될 수 있습니다.
- 책을 읽는 도중에 다음에 예측되는 내용이나 그림을 상상해 보도록 합니다. 이러한 상상은 책에 대한 호기심을 잃지 않도록 해줍니다.
- 결말을 예측해 보도록 합니다.

④ 쓰기 활동 1 - 단어쓰기

- 아이들은 자신의 이름이나 자신이 좋아하는 동물, 사물, 간판 이름, 상품명 등 이름을 쓰는 데 흥미를 갖습니다. 자녀가 궁금해하는 단어들을 종이에 적어서 주고 따라서 읽어보고 써보도록 합니다.
- 쓰기를 이제 막 시작한 단계에서는 엄마가 써주고 자녀가 따라 쓰는 방법으로 쓰기를 자극한 뒤 점차 자녀 혼자 써보도록 유도합니다. 자녀가 글자를 쓸 때는 옆에서 칭찬을 많이 해주시면 좋습니다.
- 자녀가 쓴 단어들을 모아서 '내 단어책'을 만들어봅니다.

⑤ 쓰기 활동 2 - 편지쓰기

- 편지쓰기 활동은 글쓰기에 흥미를 보이기 시작하는 아이에게 대단히 효과적입니다. 자녀가 자신의 생각을 다른 사람들에게 전달하는 것에 대해 자신감을 갖도록 자녀가 부모님께 편지를 전달했을 때 많이 기뻐하고 감동하는 모습을 충분히 보여주시길 바랍니다.
- 초보적인 쓰기 수준의 아이에게 편지쓰기를 지도할 때 한두 문장으로 된 간단한 편지를 써서 친구에게 전달하는 방법도 좋습니다. 예를 들면 '친구야 안녕? 나 너 좋아해'와 같은 편지를 쓰고 편지를 장식해 보는 것도 즐거운 활동이 됩니다.
- 쓰기가 익숙해진 아이에게 편지쓰기를 지도할 때는 축하카드, 감사카드, 초청장을 용도에 맞게 만들어봅니다. 편지, 카드, 초청장을 만들 때는 어떤 내용을 어떻게 쓸 것인지 미리 생각을 정리하고 난 후 적어보도록 합니다. 자신의 생일 초대카드나 연하장 등을 직접 만들어보는 것도 좋은 활동이 됩니다.

지금 아는 것을
그때도 알았더라면

얼마 전 강의에서 만난 한 엄마가 제게 이렇게 물으셨습니다. "선생님, 아이를 키우면서 저도 모르게 참지 못하고 욱해서 화를 내고 말아요. 버럭 소리를 지를 때도 있고요. 제 모습을 보고 어깨가 축 늘어진 아이를 보면 후회가 밀려오지요. 선생님, 감정에 흔들리지 않고 아이를 키우는 방법은 없을까요?"

아이를 위한 마음이, 아이를 향한 사랑이 부모의 감정에 묻혀 제대로 전달되지 못한다는 그분의 말씀에 저 역시 쌍둥이 딸을 키우는 엄마로서 마음 깊이 공감되었습니다. 그리고 아이들의 발달 과정을 뇌과학을 통해 이해하고 그에 맞춘 기준과 원칙을 바로 세울 수 있다면 아이들을 향한 사랑과 관심이 엄마의 자책과 후회로 남지 않을 것이라는 생각이 들었습니다.

저는 교육심리학자입니다. 이 분야에 입문하여 공부한 지도 벌써 30년이 되었습니다. 유아부터 성인까지의 학습자 심리적 상태 및 수준, 인간의 능력, 역량, 지능 등에 대한 전통 있는 이론은 물론 시대정신을 반영하는 새로운 개념과 학문 분야에 이르기까지 부지런히 공부해 왔습니다. 그런데 약 10여 년 전부터 예상치 못했던 연구 방향이 파장을 불러왔습니다. 바로 뇌과학과의 융합입니다. 과거에 '뇌'는 특정 학문에서만 다루는 연구 대상이었습니다. 너무도 복잡하고 조심스럽기 때문에 전문성을 갖춘 일부 분야에서만 연구할 수 있다고 생각했습니다.

최근 들어 여러 학문 분야에서 뇌과학의 연구 결과를 응용, 적용, 활용하고 있습니다. 대표적인 곳이 바로 학습 분야입니다. 사고, 판단, 기억 등의 뇌 활동을 직접 촬영하고 관찰하는 기술이 발달하면서 어떤 환경에서 뇌가 보다 활성화되고 인지적 발달이 이루어지는가를 밝힐 수 있게 된 것입니다. 예를 들어 시각, 청각, 시청각 중어떤 학습자료가 기억과 학습에 도움이 되는지, 기분과 정서는 인지 활동에 어떤 영향을 미치는지에 대한 궁금증을 뇌의 촬영을 통한 관찰이 가능해짐으로써 해결할 수 있게 된 것입니다.

개인적으로 뇌과학이 학습 분야보다 더 큰 기여를 한 분야는 인간발달, 부모교육, 양육 분야라고 생각합니다. 모든 연령대의 뇌기능과 작용, 발달 등의 연구 결과를 통해 자녀들의 특성, 생리적 반응, 사고 판단의 수준 등을 보다 구체적으로 이해할 수 있게 되었기때문입니다. 가령 청소년기에는 전두엽의 미성숙과 테스토스테론이라는 호르몬 분비의 영향으로 다른 사람들의 감정을 이해하고 공감하는 능력이 저하되는 현상이 나타난다는 연구 결과 덕분에 부모들은 더 이상 자신의 자녀가 인성이 변했다고 오해하거나 범죄자가 될지도 모른다는 불안감에서 벗어날 수 있게 되었습니다.

자녀의 뇌발달적 특성 및 상태와 상관없이 부모의 관점과 잣대로 무리하게 공부시키는 것이 별 의미도 없으며 좋은 결과를 이끌어내지도 못한다는 사실을 이제는 많은 부모들이 알고 있습니다. 어떤 환경이 자녀의 건강과 행복한 삶에 도움이 되는지에 대해서도 유익한 정보를 많이 알게 되었습니다. 모두 뇌과학의 연구 결과 덕분입니다.

이 책은 부모가 자녀를 이해하고, 자녀가 원하고 필요로 하는 양육과 교육이 어떤 것인가에 대한 내용을 뇌과학 연구에 기반해 담고 있습니다. 순간순간의 기분에 따라 일관성 없이 반복되는 육아가 아닌 과학적으로 입증된 뇌발달에 근거해 우리 아이의 뇌가 과연 무엇을 좋아하고 원하는지 알아보고자 하는 것입니다. 이 책이 출생 직후부터 6세까지에 해당하는 '우리 아이의 뇌'에 초점을 맞추고 있는 이유는 뇌발달의 중요 시기이자 결정적 기회의 시기critical period에 해당하기 때문입니다.

영유아는 스스로 자신의 상태나 기분, 감정 등을 이해하는 능력이 발달되어 있지 않습니다. 더러 아이의 발달 수준에 적합하지 않은 부모의 양육이 아이에게 무리가 되어 심각한 문제로 드러나기도 합니다. 이때 문제가 발생한 자녀의 부모들을 살펴보면 아이에 대한 사랑과 기대가 너무 크다는 공통점이 있습니다. 의도적으로 자녀에게 나쁜 영향을 주고 싶은 부모는 없습니다. 자녀에게 부작용이 나타날 것이라고는 전혀 예상치 못하고, 다만 자녀를 위하는 마음으로 여기저기서 좋다고 하는 것, 이른바 스펙에 도움이 될 만한 것들을 총동원해 자녀에게 쏟아부은 것뿐입니다.

자녀 양육에 있어 무엇보다 중요한 것은 아무리 좋은 교육이라고 해도 자녀가 그것을 받아들일 수 있는 준비가 되어 있는가를 아는 것입니다. 영유아들의 뇌는 공부 자료, 학습 교재를 받아들여서 시냅스를 형성하고 인지를 발달시키고 구성할 수 있는 상태가 아닙니다. 영유아들의 뇌는 감각기관으로 입력되는 단순한 감각자극을 받아들이기에도 바쁩니다. 이 시기의 교육은 그것만으로도 충분합니다. 이와 같이 무조건적인 사랑과 관심이 아니라 자녀에 대한 정확한 이해를 하고 있어야 자녀에게 도움이 되고 필요한 정보들을 제대로 찾을 수 있습니다.

뇌과학에 관해 공부하면서, 그리고 이 책을 집필하는 내내 "나는 엄마로서 과연 우리 쌍둥이 딸들을 기분대로 키운 것은 아닐까? 발달에 맞는 기준과 원칙을 가지고 아이들이 필요로 하는 것들을 제대로 제공해 주었나?"라는 질문과 반성이 이어졌습니다. 지금 알고 있는 것을 그때 알았더라면 하는 아쉬움도 새록새록 올라왔습니다. 이 책의 집필은 지금 영유아 자녀를 키우고 있는 부모님들께서 나중에 저와 같은 아쉬움을 느끼지 않기를 바라는 마음에서 시작되었습니다. 모쪼록 부모님들의 자녀 교육에 작게나마 도움이 되기를 바랍니다.

이 책이 출간되기까지 모든 과정마다 애정 어린 조언과 도움을 아끼지 않고 헌신해 주신 임나리 팀장님과 포레스트북스에 감사드립니다. 그리고 삶의 동력이 되어주는 쌍둥이 세인, 다인, 이현웅 선생님과 가족들에게도 감사하다고 말씀드리고 싶습니다.

2022년 11월

곽윤정

뇌과학으로 배우는 엄마의 감정 수업

기분대로 아이를 키우지 않겠습니다

초판 1쇄 발행 2022년 11월 23일
초판 4쇄 발행 2023년 5월 10일

지은이 곽윤정
펴낸이 김선준

편집본부장 서선행
책임편집 임나리 **편집1팀** 배윤주, 이주영 **디자인** 김세민
마케팅팀 이진규, 신동빈
홍보팀 한보라, 이은정, 유채원, 유준상, 권희, 박지훈
경영지원 송현주, 권송이

펴낸곳 (주)콘텐츠그룹 포레스트 **출판등록** 2021년 4월 16일 제2021-000079호
주소 서울시 영등포구 여의대로 108 파크원타워1 28층
전화 02) 332-5855 **팩스** 070) 4170-4865
홈페이지 www.forestbooks.co.kr
종이 (주)월드페이퍼 **출력·인쇄·후가공·제본** 한영문화사

ISBN 979-11-92625-09-6 03590

㈜콘텐츠그룹 포레스트는 독자 여러분의 책에 관한 아이디어와 원고 투고를 기다리고 있습니다. 책 출간을 원하시는 분은 이메일 writer@forestbooks.co.kr로 간단한 개요와 취지, 연락처 등을 보내주세요. '독자의 꿈이 이뤄지는 숲, 포레스트'에서 작가의 꿈을 이루세요.